U0068894

全華科技圖書

# 提供技術新知·促進工業升級
# 為台灣競爭力再創新猷

資訊蓬勃發展的今日，全華本著「全是精華」的出版理念，
以專業化精神，提供優良科技圖書，滿足您求知的權利；
更期以精益求精的完美品質，為科技領域更奉獻一份心力。

CHWA

TECHNOLOGY

# 中央監控－建築物管理系統

陳明德　　編著

全華科技圖書股份有限公司　印行

# 黃 序

## 系統整合是未來產業競爭力的致勝關鍵

國鈞實業陳明德董事長，以其務實堅毅之企業家精神，從事建築工程多年，事業興發鼎盛；能延攬優秀人才，洞見市場先機，堅持創新研發。近年來更在建築相關之中央監控系統，與全球知名之研華科技公司合作，開發出具有世界市場競爭力之產品。陳明德董事長不僅在業界擔任理事長，除具有專業名聲，更熱心公益，敬老扶弱，誠如其名明德，實令人欽佩！

今年初，有幸參訪國鈞實業開發之「建築管理系統」，可以透過附加之子系統，整合老人居家緊急通報之關懷功能，將原有建築物以監控為主之系統，推升到服務模式的加值與創新，使我耳目一新！我從事技術發展推動策略工作多年，認為產業技術發展之主流有二：一為進行前瞻創新技術開發；另一則是將現有技術加以系統整合，開創出新的商業服務模式及新的系統產業發展機會。前者需要投入大量之時間與財力，後者則屬運用知識經濟之力量，事半功倍。國鈞實業選擇系統整合以求創新之發展策略，誠具智慧遠見，未來事業發展，實不可限量！

今天，陳董事長以君子之風，將其發展「建築管理系統」之實務經驗，有系統的整理出版。提供有志進入此一具有潛力之新興產業人士參考。有感於國鈞實業與研華科技合作團隊之無私精神，不僅具有示範推廣系統整合產業之時代意義，也與經濟部技術處致力推動之服務業導向科專計劃同軌齊進，能有企業如此同心協力，一如詩經鄭風「風雨如晦，雞鳴不已；既見君子，云胡不喜！」。特爲序致敬。

經濟部技術處處長
黃重球　謹識

# 李 序

## 推動本土工業之建立的驅動者

今年五月安排科管局一級主管隨同參訪 陳明德理事長台北公司時，發現該公司中央監控的系統軟體具有整合市面上一些控制終端產品之競爭優勢。聽取簡報獲悉該公司選擇全世界排名第二的工業控制產品－研華硬體做為主要硬體設備，這是一套完完全全由國內科技人員自行研發完成的系統軟體，並搭配國產硬體，其呈現出來的功能，已凌駕國際知名大廠，真可說是道地的創新本土工業。

美、伊戰爭，美軍先進的武器及衛星定位系統，其組合的主、配件，有部分係出自新竹科學園區的廠商，我們生產的單項產品已達世界一流水準，但欠缺的就是整合系統之品牌產品，也就是說，我們有能力研發製造關鍵的零、組件，在創新、研發應用面上必須加強，目前六年國家重點發展計劃正朝此方向奠基。

很高興國鈞實業(股)公司在陳董事長領導下，在全世界資訊業即將進入後PC時代，他們結合了國內機電工程、電子應用工程及通訊、網路科技人才之技術整合，開創電腦應用產業，再一次將國內軟、硬體之整合功力，展現於世界舞台。

更難能可貴的，他們願意將研發結晶與實務經驗貢獻出來，傳播給想從事高科技行業的專業人員，目前在國內當學員們迫切需要一本有系統地介紹中央監控參考書籍，尋遍市面大小書店無著時，他們毫不猶豫地承擔起這份編撰工作，企盼本書能帶給國內讀者全新的觀念與思維，使我們的建築物管理系統，公共服務(包含電力、通信、自來水、瓦斯、交通、保安)之中央監控領域經由本書的啓發，能建立成爲世界樞紐地位的領導品牌。

行政院國家科學委員會

科學工業園區管理局

局長　李界木　謹識

# 自 序

中央監控長久以來一直被一般民眾認為就是 CCTV(監視器設備)，殊不知中央監控能將空調、電力、給水、排水、污水、安全門禁、閉路監視、災害防範、消防、燈光、電梯、環境、交通、停車場、節約能源、工廠生產管理、人員考勤等設備完全自動化，達到安全、舒適、合理、省錢，人性化的生活環境。

以往中央監控市場幾乎是採聯合國式的雜牌軍，各子系統幾乎是擁有各自獨立的程式，整合的方法就是請坊間軟體公司撰寫程式將建築物內各自獨立之子系統讀取其通訊格式，再將其讀取之資料植入欲整合之軟體中，達到整合之目的，由於沒有標準可循，不僅花費額外之金錢與人力，更嚴重的是撰寫軟體往往是公司內唯一的一個人，在跳槽風盛行下，造成往後維護工作無法順利，帶來更多問題。

筆者從事通訊、網路及中央監控工程二十餘載，從一般住宅、集合住宅、觀光飯店、學校、辦公大樓、百貨商場、醫院、港口、機場、工廠、軍方幾乎涵蓋了大部份工程，我們發覺懂得中央監控的業主、建築師、技師都只是從廠商的簡介中得到片面的知識而已，而此方面之書籍更是缺乏，為了讓有興趣從事此行業人員的參考，特將歷年來個人及公司同仁的工作經驗，結合歐、美、日、德，外商工程師與國內資深工程師與學者們討論所得的新知，並參考國外各大廠之規範，予以編寫歸納成書，期望對有心深耕中央監控及自動化領域的相關工程業界朋友及同學們有所幫助。

本書計分九章，從(IBS)智慧型大樓系統沿革之發展動向概論，到目前市場應用主流(BMS)建築物整合管理系統之理論概要、系統架構說明、設計概念、延伸至公共領域之應用、施作、通訊介面、材料選用分析，一直到系統整合實務要領至應用案例介紹、深入簡出的從概念、分析、設計、組裝、測試、驗收、運轉維護、報表製作、資料庫建立等，一系列的介紹，希望讓讀者能迅速了解，並且進入重心所在。

　　本書之能夠順利完成，最要感謝中區職訓中心林進基主任及諸位老師，尤其是林瑞鑫技正及戴佳坦股長，那種為實現與世界接軌，又能兼具發展民族工業的企圖心，他們為台灣職訓轉型、師資升級的使命感，更深深地感動我們。編纂期間，承蒙國科會黃文雄副主委、經濟部技術處黃重球處長、科管局李界木局長、中華顧問工程司林副總經理、中科院等率科技顧問，及各大學相關科系教授們親臨我們研發中心參訪指導，提供許多寶貴意見，在此一併致上萬分之謝意。

　　最後我一定要感謝國鈞公司的同仁們，在研發長謝錦能的統籌下，大家不知道開了多少次會議，犧牲了多少個週末、週日與不睡覺的夜晚，本著貢獻社會的理念，將大家最專業、最寶貴的資料、經驗與心得無私的提供出來，這不只是一本教科書，而是關於這門學問的所有知識，本書的出版也算是同仁們對國內工業盡一份綿薄之力。

　　綴語為序，企盼藉本書的編製，啟發各專業人才的協同整合觀念，引領國人走向中央監控的世界舞台。

　　　　　　　　　　　　　　　　　　　　　　　陳明德　謹識

# 編 輯 部 序

　　「系統編輯」是我們的編輯方針，我們所提供給您的，絕不只是一本書，而是關於這門學問的所有知識，它們由淺入深，循序漸進。

　　本書以電腦及網路科技，完成建築物高度自動化與設施運作之協調，著重於整合技術，提升系統價值。並以集中管理協助建築物的營運管理，以具體的目標達成建築物智慧化。且介紹一套完全由國人開發的 BMS，說明整合系統設計理念及動作原理，並從業者角度，介紹建構 BMS 之工程步驟與要領。內容包含有：IBS 系統沿革，IBS 系統說明，系統功能與原理說明，硬體與器具，接地與遮蔽，系統整合實務及進階說明；希望藉此拋磚引玉，結合國內機電工程與網路科技人才之技術整合，進而於後 PC 時代，開創電腦應用產業，再一次展現實力於世界經濟舞台。本書適合私立大學、科大電機系四年級「智慧型大樓設計」課程使用。

　　同時，為了使您能有系統且循序漸進研習相關方面的叢書，我們以流程圖方式，列出各有關圖書的閱讀順序，以減少您研習此門學問的摸索時間，並能對這門學問有完整的知識。若您在這方面有任何問題，歡迎來函連繫，我們將竭誠為您服務。

# 目 錄

**Contents**

# Chapter 1

# 前　言

Building Intergration
Management

Intelligent Building 在台灣翻譯為智慧大樓，在大陸則翻譯為智能大樓，是指這棟大樓因高度的自動化，使人覺得它聰明有智慧，而 Intelligent Building System (智慧大樓系統簡稱 IBS)，是以將大樓智慧化的方法與手段，不只包括利用電腦、網路、通信科技，還包括設施、建築技術舉凡能夠使建築物於啓用後的運作能達到自動化，而達到省人力、省費用、提高居住品質與安全等技術與方法，都被列入 Intelligent Building System。

本書是由一群資深 IBS 從業者共同執筆，有識於台灣是一個不可忽視的資訊大國，本國的資訊產業造成傲視全球經濟奇蹟，但如深入了解，本國資訊產業著重於硬體製造，而且會發現這是一個競爭激烈的產業，利潤也逐年被擠縮，是否因為刻意的忽視，本國幾乎無系統產業；每種產業的發展都有一個週期，最近有一句資訊產業必須省思的話題就是『後 PC 時代的來臨』，產業界對於這句話的解釋與因應之策各有不同，而本書執筆者共同看法是利用本國資訊產業資源發展系統應用產業，IBS 是一個大量使用資訊硬體的系統產業，如上述，由於 IBS 涉及範圍太廣，某些部分的技術非本國專長；所謂知己知彼百戰百勝，善用國內資源與專長，發展智慧大樓主要的核心系統。

所以本書主題是以電腦及網路科技，著重於整合技術，完成建築物高度的自動化與設施運作協調，並以集中管理協助建築物的營運管理，以具體的目標達成建築物智慧化；以此範圍及原則，本書將焦點放在 Building Integration Management (建築物整合管理)，而導入的電腦化系統稱為 Building Management System(建築物管理系統)簡稱為 BMS，顧名思義 BMS 為建築物管理之輔助系統，與 IBS 同樣的目標是為了使建築物智慧化，並藉由系統整合，提昇系統價值。

　　本書之目的為探討建築物為何需要系統整合，介紹一套國人開發的
BMS 說明整合系統設計概念及動作原理，並以 BMS 從業者角度，介紹
建構 BMS 之工程步驟與要領，希望能藉此拋磚引玉，結合本國機電工
程與電腦及網路科技人才之技術整合，於電腦硬體產業之發展奇蹟，並
進而於後 PC 時代，開創電腦應用產業，再一次使本國展現實力於世界
經濟舞台。

中央監控-建築物管理系統

# Chapter 2

# IBS 系統沿革

Building Intergration
Management

Intelligent Building System (智慧大樓系統)，其目的是將大樓變得聰明有智慧，這個名詞讓人覺得 IBS 非常的偉大，但深入探討會發現由於主題非常的龐大而造成無明確的目標，但說穿了 IBS 就是以電腦化達成建築物運作上某方面的自動化，而達到省人力、省費用、提高居住品質與安全。

IBS 由來是因為美國幅員廣大，商業活動非常倚賴電信通信，並由於自由市場競爭，建築業想出如何招攬承租戶，於 1983 年提出具有可自動協助承租戶以最省錢及最快速打通電話的通信自動化 CA，保證可節省人力節省費用的大樓自動化 BA，提高辦公效率的 OA，以及提供承租戶共用設備服務 **STS，稱為 Multi-Tenant Building System**，開創了智慧大樓系統來臨。

早期由於電腦非常昂貴，系統集中於中央主機處理，但如果中央主機發生當機，則可能造成全部的設備停擺，解決方法是以雙主機做並聯運轉，因而更造成昂貴的成本，所以 IBS 只用於高級與大型的建築物。

IBS 成功的運作後，國外知名大廠也紛紛投入 IBS 市場，1985 年為微處理機萌芽階段，為了解決中央主機故障造成系統全面停擺的問題以及降低成本，各大廠研發具有現場獨立運算功能之處理器如 Honeywell 開發出的 DDC (**D**irect **D**igital Controller)，將設備控制交由 DDC 處理，如此分散系統故障的風險，DDC 通常為某種設備控制而設計，變更設備控制模式通常必須回工廠做設定或更換印刷迴路版，因此日後的維護成本非常高。

其他也有使用專用現場處理器(Local controller)或非專用的可程式控制器(Programmable Logical Controller)，但無論如何，仍無法解決變更功能的複雜性與過高的維護成本。

　　1983~1990 年中控主機大多是迷你電腦的天下，作業系統爲 UNIX，人機介面爲各家所開發的專用軟體，1991 年以後隨著個人電腦的發展出現人機介面專業軟體廠商，最著名的爲 FIX、DMAX、INTOUCH，而現場處理器則使用可程式控制器，台灣也有代理國外 IBS 的系統整合廠商 (System Integration) 以此組合方式，提供小型大樓 IBS，於此展開了 IBS 市場競爭白熱化。

　　由於 1991 年台灣建築業紛紛以 XA 大樓作爲號召，國內學術界也紛紛發表技術論文探討 IBS 相關技術，具有電腦技術背景的人也紛紛投入了 IBS 戰場，市場因而一片混亂，由於廠商良莠不齊，XA 大樓並未造成預期的成功，建築界不再推出 XA 大樓，大家也比較正確的看待 IBS 之需求與價值。

　　2000 年爲國產 IBS 轉型，由於台灣電腦工業發展已進入了後 PC 時代，個人電腦技術與可靠度已經到了可進入講求高可靠度的工業控制，IBS 再也不是國外大廠專利，台灣工業用電腦科技無國外大廠包袱，外加網路技術及小型、功能多的硬體，國人開始研發整合型建築物管理系統，國外大廠開始正視台灣 BMS 技術威脅問題，也以低價策略打擊本國開始萌芽的 BMS 工業。

　　2001 年到現在，BMS 更整合了門禁安全、數位影像，大眾廣播與資訊，逐漸迎頭趕上國外 IBS 廠商，相信不久，國產 BMS 必定獲得建築業界及業主肯定及採用。

　　下圖 2-1 爲 BMS 發展過程整理

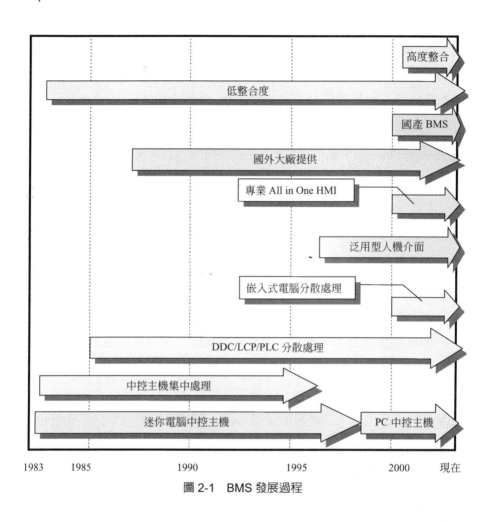

圖 2-1　BMS 發展過程

# ▶ 2.1　最近 BMS 發展動向

　　由於全世界經濟籠罩於通貨緊縮，建築物對於 BMS 需求將著重於實用及附加價值，一般而言單一業主與多業主大樓對於 BMS 期望各有不同，單一業主建物業主與使用者(主要為公司從業員)為同一公司，於起造時已經確定建築之使用目的與方法，對於導入的設備及 BMS 系統則以提高公司企業形象為目的，OA 系統與資訊系統則用來取得快速資訊情報提高辦公效率。對於內部的會議室、餐廳、健身房則考慮充分的利用而導入的服務系統希望可與門禁管理及停車場管理使用相同卡片成為一卡通用的整合系統。

　　另一方面，多業主大樓於起造時進駐的業主或承租戶尚未明確，故 BMS 提案針對建築物屬性，設施內容，BMS 只規劃到公用的範圍，但 BMS 必須考量未來可提供如同單一業主建物同樣快速與便捷的服務之擴充能力，同時必須保障不同業主之財產與隱私不受到侵犯。如下圖 2-2 為業主對於建築物自動化與服務之期待。

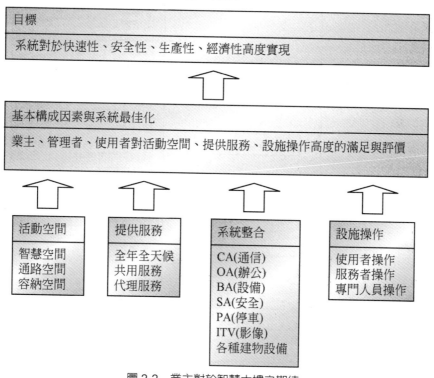

圖 2-2　業主對於智慧大樓之期待

# ▪ 2.1.1　系統整合

　　如下圖 2-3 為構成智慧大樓系統的 Sub-System(子系統)，由於近年來電腦科技進步，各 Sub-System 互相連接，達到系統功能之統合與互相支援，也就是系統整合。

　　系統整合的效果可以提供使用者(住戶)更舒適、更便利、更安全的環境；以及提供設施管理者更合理的建築物營運管理，實現了對建築物本身與設施之高水準的附加價值。

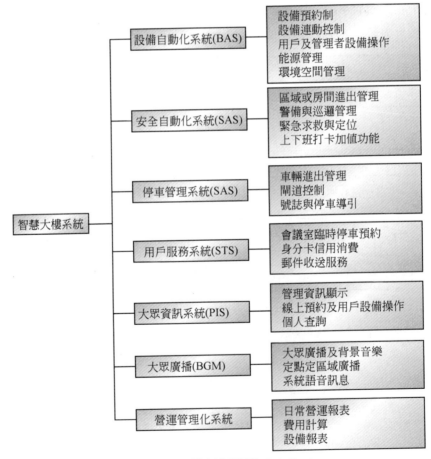

圖 2-3　構成智慧大樓系統的 Sub-System

## ▪ 2.1.2　使用者(住戶)之操作

　　這裡所稱的使用者為大樓住戶、承租者或公司從業人員；如下圖 2-4 為 BMS 系統整合下的 Sub-System，例如使用者需要延長空調使用時間，於舊系統使用者必須打電話要求設施管理者，然後由管理人員變更關機時間；又例如當訪客來訪時，需要為來訪者預約車位，必須打電話請求停車場管理者預約車位。

　　現在可利用使用者個人電腦直接上網連到 BMS 主機變更空調停機時間，而 BMS 將記錄設施延長用電時間，作為月結計費；同樣的方法也可上網連到 BMS 主機取得保留車位給訪客，而訪客依照系統提供的密碼直接進場停車。

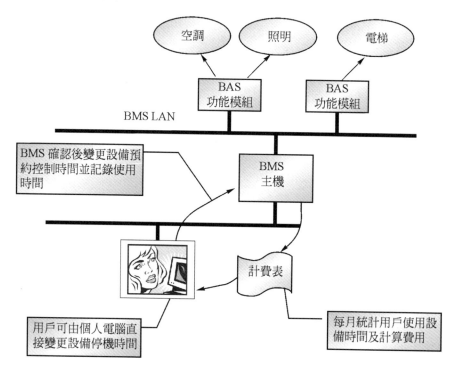

圖 2-4　BMS 連動功能

## ■ 2.1.3 大樓設備自動化 (BAS)

實際上 BAS 單體的起源可追溯到 1960 年，目前國內 BMS 工程估價所指的監控物理點數指的就是 BAS，最近因爲系統整合成功，終於可接受 BAS 是 BMS 中的 Sub-System，如前所述 BAS 必須與其他的系統整合，或者說其他的系統必須與 BAS 系統整合，才可達到由使用者直接操作設備，最近更要求當門禁刷卡時，進入開燈，離開時關閉電燈，又如火警發生時關閉送風機而開啓排風機等與其他的系統作緊密的連動控制；此外更被要求當用戶移動或組織變更時，必須同時變更照明及空調區域，所以 BAS 必須要能容易的依照建物空間的使用改變其運作邏輯。

事實上 BAS 與其他系統之整合更扮演著能源管理及安全防災的角色，例如人員離開時自動關閉用電設備，保全侵入時開啓照明與啓動攝影錄影。

所以說 BAS 爲 BMS 之核心系統是不爲過的，而以上的說明更突顯系統整合的重要。

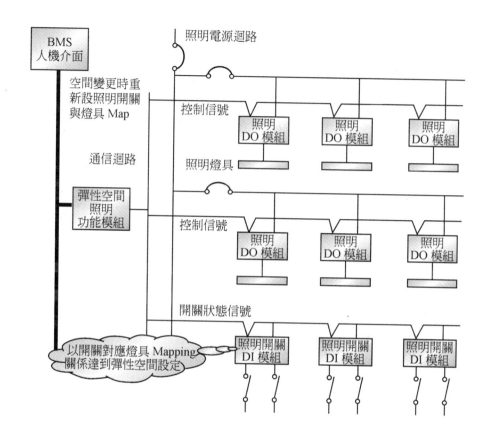

圖 2-5　彈性空間照明系統

## ▪ 2.1.4　公共設施利用(STS)

　　建築物公用設施如會議室、健身房必須充分的利用才可達到設置目的，例如公司會議室的預約，嚴格者有專人管理，有些則由電腦管理，甚至只填寫預約表管理，這些管理模式通常會發現預約時間到時仍有別人佔用，而 BMS 整合管理可以由網路預約會議室，而以門禁刷卡於預約時間開門進入使用會議室及內部電器設備與設施，又如前述訪客臨時停車預約以當次有效的停車進場密碼直接進入停車場。

## ▪ 2.1.5 大眾資訊服務(PIS)

為了提昇公司或建築物本身形象，以及提供使用者便捷操作，BMS 被要求能夠透過架設於公共區或電梯內架設觸控操作之大眾資訊終端機，平常可顯示管理資訊，例如通知用戶停水或設備保養停機時間，或者顯示天氣預報，也提供用戶上網操作公共設施預約或查詢用戶設備使用狀況。

## ▪ 2.1.6 建築物營運管理

BMS 不可或缺的功能就是提供管理者日常業務的支援功能，例如

1. 用戶設備使用費用，水電費等計算及列表。
2. 設備故障及保養日程列表。
3. 人資部門直接處理員工發卡與銷卡。
4. 設備每日運轉報表。
5. 管理人員交接班報表。

## ▪ 2.1.7 建築物管理費用分攤

高整合度的 BMS 才能真正地發揮原始規劃所期待的目標(如完善的能源管理、設備與安全自動化管理)，確實在日後的建物啟用發揮節省電費與人力、如下圖 2-6 為大型商業辦公大樓典型的建築物管理費用分攤的比例：

| 項目 | 電力 | 設備維護 | 衛生清掃 | 警備 | 管理人力 | 燃料 | 用水 | 電梯維護 | 其他 |
|---|---|---|---|---|---|---|---|---|---|
| 比例 | 22.1 % | 15.8 % | 14.6 % | 13.5 % | 12.7 % | 6.6 % | 6.2 % | 3.8 % | 4.7 % |

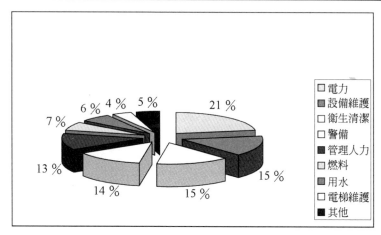

圖 2-6　典型的建築物管理費用分攤比例

　　由上圖可以發現電力費用、警備及管理人力費用佔全部管理費用的 48.3%，所以 BMS 如能對此部份的費用提出具體的貢獻，則較容易獲得業主的採用。

## ▪ 2.1.8　國內科技帶來 BMS 衝擊

　　本國政府與民間共同推動電腦與資訊科技，目前台灣電腦總生產量佔全世界 50%以上，除此外台灣工業用電腦產品也獲得先進國家的使用。台灣擁有優秀的軟體設計人才，並累積了多年於 IBS 之實做經驗，同時由於個人電腦於功能與品質上的進步，已經跳脫消費產品的印象，進入許多工業控制領域，且完全使用國內電腦與資訊科技資源應用於 BMS，為全新領域的開發；事實上由於可應用的資源太多，除了可完成國外大廠的 IBS 功能，對於系統整合、小型化、多媒體的應用、網路應用更是以前 IBS 難以項背的趨勢。

以下整理出國內科技帶來 BMS 產業的衝擊(表 2-1)：

表 2-1　國內科技帶來 BMS 產業的衝擊

| 趨勢 | 影響層面 | 備註 |
|---|---|---|
| 中控主機使用個人電腦 | IBS 迷你電腦或 UNIX EWS 全部被 PC 取代。 | |
| 主通信使用乙太網路 | 高性能通信能力(Ex. 使用 UDP Broadcast 通信於事件可一次通知完畢，事件連動控制迅速處理)，且成本合宜，原來 2 線式通信迴路失去魅力。 | |
| 嵌入式PC用於現場控制模組 | 具有網路、資料庫功能，且運算能力強，可直接線上功能變更或程式更新，原來由微處理機構成的 DDC/PLC/LCP 無法抗衡。 | |
| 使用小點數 I/O 模組 | 配線及日後維修成本低廉，原來 DDC/PLC/LCP 無法抗衡。 | |
| 多媒體數位整合 | 利用微軟多媒體功能可以將影像監視及大眾廣播整合於 BMS，舊有 IBS 根本無法做到此功能。 | |
| 系統共用及重視個別業主財產與隱私 | 舊有 IBS 包袱太大，困難達成此功能。 | |
| 複合系統集中管理 | 可使用網際網路完成複合系統集中管理，舊有 IBS 使用專線成本高。 | |
| 經營模式 | 台灣 BMS 廠商精簡人事，人事費低，客製化靈活，國外大廠難以抗衡。 | |

# ▶2.2　BMS **市場評估與規模分類**

　　由於電腦科技進步，建築物導入 BMS 協助建築物啓用後的管理運作已經成爲業主共識，但 BMS 是非常客製化的產品，無法用一般商品行銷概念做絕對性的產品區分，以下爲依據市場、經驗，提供系統需求與評估參考。

　　BMS 系統通常依照物理點數多寡作爲系統規模參考，而需求通常與建築物面積成正比，如下表將 BMS 分成三種規模，其適用的大樓及需要的內容如表中所示：

表 2-2　BMS 系統規模

| 評估項目 | | 大型系統 | 中型系統 | 小型系統 |
|---|---|---|---|---|
| 面積(平方米) | | 25000 以上 | 5000~30000 | ~5000 |
| 物理點數 | | 2000~10000 | 300~3000 | 50~300 |
| 設備數 | | 500~2500 | 80~800 | 10~80 |
| 主要管理內容 | 中央監控 | 有人管理 | 通常有人管理 | 通常無人管理 |
| | 能源管理 | 重要 | 重要 | 通常無需要 |
| | 最佳空調管理 | 重要 | 普通 | 通常無需要 |
| | 安全管理 | 重要，必須整合 | 重要，通常要整合 | 重要 |
| | 停車場管理 | 重要，通常要整合 | 普通 | 通常無需要 |
| | 影像監視 | 重要，通常要整合 | 重要，通常要整合 | 普通 |
| | 火警整合 | 重要 | 重要 | 普通 |
| 預算(台幣千元) | | 20,000~8,000 | 10,000~5,000 | 2,000~500 |

　　如前所述，BMS 之目的與價值為無形的，而於建築物啟用後才產生的效益，所以於建築物起造預算，通常被放在最後考量，因此於預算編列通常只為建築總預算之 1% ~ 1.5%。

　　BMS 受惠於現代的電腦科技，幾乎無所不能，但於系統提案時，還是要考量業主預算，並以實際數據證明所提之內容確實可對建築物日後的管理營運帶來好處，才能獲得業主垂青。

# BMS 系統說明

Building Intergration
Management

本章說明 BMS 系統架構及各功能模組(EMC)功能摘要。

# ▶ 3.1　概　要

　　整合型大樓管理系統(以下稱本系統或 BMS)，是以電腦應用及網路通信技術為基礎，結合數位化設備自動控制單元與資料收集介面以及數位化影像監視機制，於大樓管控中心，由電腦人機介面隨時掌握大樓內各種機電設備運作、及人員與車輛進出、區域環境與安全等狀況，平常藉由設備遠端控制與預約控制管理及設備連動控制等自動化功能，提高大樓管理效率；於設備異常或緊急安全狀況發生時之及早發現與立即處理，防止災害與損失擴大；系統資料中心收集並紀錄設備運轉以及人車進出數據作為大樓管理報表與數據分析，改善大樓管理。

　　本系統基本上由一部中央監控主機及數部功能模組(EMC)，以乙太網路構成的監控系統。將各功能模組，依照大樓設備與管理點位置配置智慧型數位介面，以雙絞線多點通信網路構成完整系統。

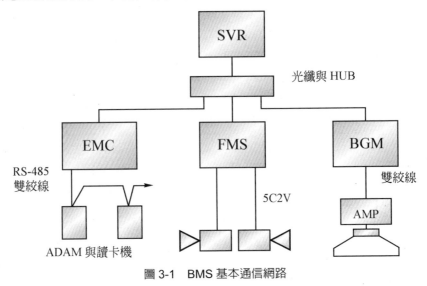

圖 3-1　BMS 基本通信網路

　　本系統提供完整的系統資料庫與人機介面設計環境與工具，可依照各大樓管理需要，快速的建立屬於各大樓的管理系統，標準化功能與器具模組，可於事後隨時增加或變更管理功能，泛用型的電腦與網路設備，大幅降低日後維修費用。

　　本系統下之各自動化功能模組，採取分散資料庫自行運算處理單元，平常可分擔中央監控主機運算負荷，提高系統整體運算與反應速度，因爲具有自行處理能力，所以不擔心中控主機關機或系統通信異常所造成之全面停擺的困擾，達到系統故障風險分散的目的。

　　本系統之中控主機與各自動化功能模組間通信，採用乙太網路全雙工廣播與點對點通信方式，如自動化功能模組發生事件時，可以廣播方式向全體系統發出通信，所以其他功能模組可不透過主機命令，立即處理事件連動控制，大幅度提高系統事件反應速度，並提高系統之可靠度。

　　本系統採取資料集中建檔管理及直接線上下載方式，例如人員發卡或卡片更換，或變更人員進出管制資料時，只於管理中心設定，一次下載操作則所有門禁管理功能模組自動資料更新，所以大幅度提高管理效率與資料正確性。

　　本系統採取六種不同的操作等級，不同操作等級有不同的操作權限，以確保系統資料與運作安全；於管理運用提供標準的資料庫格式，可容易的轉換爲客戶所需要的管理報表與資料處理。

　　本系統可有效的整合管理大樓機電設備運轉、人員車輛進出與安全警備以及影像監視，各子系統間功能的連動控制與整合管理，因而大幅度提高系統價值與投資效益；並由日後發揮減少人力成本、節約能源、設備運轉維護、災害發生的防止等等系統管理效果，快速的達到投資回收。

## ▶ 3.2 　整合內容與目的

　　依照圖 2-2 業主對於智慧大樓之期待，系統必須提供業主、管理者、使用者對活動空間、提供服務、設施操作高度的滿足與評價，如下圖 3-2 所示 BMS 將現代化建築物最迫切需要的服務及管理的項目，整合成為一套主系統，利用各 Sub-System 之連動控制達到業主、設施管理者與使用者之期望。

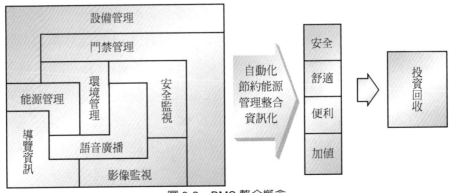

圖 3-2　BMS 整合概念

## ▶ 3.3 　BMS 系統架構

　　如下圖 3-3 於建築物內架設 Ethernet (乙太網路)，於中央監控室(簡稱中控室)設置中控主機，而中控主機含人機介面，於建築物各處依照功能需要設置功能模組(EMC)，建築物設施以各種 I/O 模組作為介面，I/O 模組透過 RS-485 傳送迴路與 EMC 銜接，管理人員透過人機介面做中央監控與整合管理，各功能模組執行自動化功能運算與設施控制，並隨時接受中央控制命令，並將設備資訊送到全體網路。

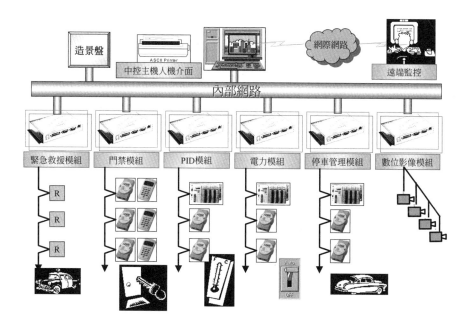

圖 3-3　BMS 系統架構

中控主機與各功能模組之功能概要如下：

## ▪ 3.3.1 中央監控主機

中央監控主機為桌上型工業電腦，為 BMS 必須的設備，所需要的
規格如下：

(1)　作業系統　　　Windows 2000 或 XP

(2)　CPU　　　　　建議 Pentium 1.5 GHZ

(3)　記憶體容量　　256 MB

(4)　硬碟容量　　　20 GB 以上

(5)　CRT　　　　　建議　17" TFT Display

(6) 輸入操作　　　鍵盤及滑鼠

(7) 網路卡　　　　Ethernet 100MBPS

(8) 音效卡　　　　建議要

其功能摘要如下：

(1) 系統設備、人員等主資料庫編輯下載與資料伺服。

(2) 系統操作登入與設施操作權限安全管制。

(3) 功能模組管理與資料通信管理。

(4) 圖形人機介面

管理：

(1) 最大設備管理　4096 設備

(2) 最大人員管理　2000 人

(3) 最大工作站　　127 台

## ▪ 3.3.2　功能模組 (EMC)

　　與傳統 IBS 架構不一樣，本系統每一個功能模組本身就是一台功能強大的嵌入式作業系統之電腦，具有乙太網路通信介面，可同時與系統中控主機與人機介面及功能模組間做通信，並且具有非機械性的儲存資料裝置，可存放由中控主機下載的設備管理組態設定與人員門禁管理資料以及事件連動控制與設備預約控制管理設定，以及存放特別控制之程序邏輯控制程式，藉由功能模組可獨立作業的特性與事件廣播通信特性，於中控主機故障時，仍可正常的完成自動控制處理。

　　功能模組硬體規格如下：

(1) 作業系統　　　Windows CE (工業用嵌入式作業系統)

(2) CPU　　　　　X86 300 MHZ 等級

(3)　記憶體容量　　　64 MB

(4)　硬碟容量　　　　Compact Flash ROM (CF) 32 MB

(5)　CRT　　　　　　8" TFT Display (選用)

(6)　輸入操作　　　　鍵盤及滑鼠(選用)

(7)　網路卡　　　　　Ethernet 100MBPS

模組功能依照功能類別如下表：

表 3-1　功能模組 (EMC) 之功能概要

| 功能類別 | 功能摘要 | 管理容量 | |
|---|---|---|---|
| 設備自動化功能模組 | 設備監視與控制<br>事件連動控制<br>設備預約管理控制<br>設備數值偵測紀錄 | 最大設備管理<br>最大 IO 模組<br>最大組別管理 | 128 設備<br>62 組<br>200 組 |
| PID 控制功能模組 | PID 設備監視與控制<br>事件連動控制<br>設備預約管理控制<br>設備數值偵測紀錄<br>內部 IO 高速 PID 處理<br>外部 IO 環境 PID 處理<br>最佳溫度控制管理 | 最大設備管理<br>高速取樣速度<br>環境 PID 取樣<br>精度 | 32 設備<br>200ms<br>2 秒<br>±1% |
| 能源管理功能模組 | Modbus 集合電表取樣<br>契約容量監視管理<br>功率因素監視控制<br>停電復電控制管理<br>事件連動控制<br>設備預約管理控制<br>設備數值偵測紀錄 | 最大設備管理 | 128 設備 |
| 停車場功能模組 | 閘道進出管制<br>燈號控制<br>事件連動控制 | 最大閘道管理<br>最大車輛管理 | 4 閘道<br>2000 人車 |

表 3-1　功能模組 (EMC) 之功能概要(續)

| 門禁功能模組 | 個別或集合門禁管理<br>事件連動控制<br>人員進出管理<br>區域安全警備 | 臉型辨識 CCD　2 台<br>最大集合管理　64 門<br>最大安全區域　64 區域<br>最大管理人數　2000 人 |
|---|---|---|
| 攝影機功能模組 | 影像記錄儲存<br>事件影像連動控制<br>即時影像播放<br>記錄影像播放 | 最大 CCD 4 台 |

# ▶ 3.4　BMS 設計概念

由於前述，BMS 系統研發之背景是善用台灣的資訊產業，而目前台灣的資訊產業優勢為**多樣**及性能優越的硬體平台，所以 BMS 研發設計主要在於系統程式的開發；但於開發上重要的考量有別於一般應用系統或應用程式開發，其重要考量因素如下：

## ▪ 3.4.1　專案成本的考量

建築物管理系統為依照建築物的屬性、外觀、空間以及業主需求，表面上軟體為量身訂做，如果以個別專案開發程式，其設計成本及開發時間將無法於競爭激烈的市場上生存。

BMS 解決方法為將功能模組設計成依照管理組態而執行的應用程式，而管理組態為資料庫型態，BMS 提供資料庫資料輸入與編輯工具，可以依照各建築物需求編輯與設定，而系統應用程式不需重新開發，因此可降低設計成本。

## ▪ 3.4.2　綜合方法的考量

如前述，BMS 要成為一套整合管理系統，所以必須為一套可滿足建築物多樣化設備與不同管理之綜合方法 (Total Solution) ，BMS 之解決方法是以設備管理為單元之物件設計方式，例如於安全管理將一個出入口(門)視為一個整合物件，將所需要的硬體設施及軟體功能成為一個物件，依照組態資料執行門禁管理、控制門鎖以及門監視和安全警衛，如此才不致造成系統過於複雜而影響系統可靠度。

## ▪ 3.4.3　系統平台的考量

如前兩項的緣故，BMS 必須提供系統整合並設計為一個方便的平台 (System platform)，其中除了資料庫之資料輸入與編輯工具，並包括人機介面設計平台，提供方便的圖示與設備連結的方法；此外並需提供管理者之事件連動控制邏輯運算設定與預約管理設定以及門禁管理設定之工具；於不久的將來更提供可以依照特殊需求而設計的可程式運算設計平台。

## ▪ 3.4.4　分散處理的考量

資料庫固然於中控主機設定與編輯，但由於必須下載到各功能模組 (EMC)後，EMC 才能正確的執行各管理功能，BMS 提供資料自動分配下載工具，減輕管理者對工作站管理的負擔。

## ▶ 3.5　BMS 滿足智慧大樓需求的方法

如 2.1 BMS 最近動向所述，BMS 是以如下數位整合技術方法滿足 2.1.1 業主對於系統整合需求：

(1) BMS 應用電腦及網路通訊技術，以數位化資訊爲介質，並以電腦自動化控制爲手段，提供一套完整的系統平台，解決客戶對於大樓管理上之需求。

(2) 本系統以高速乙太網路爲通信主幹，以遍佈各處的電腦分工處理管理事項，藉由快速的資訊通信，使管理中心人機介面能立即的監視與控制各處理單元。

(3) 大樓設備人員辨識等透過遠端資料收集介面，資訊影像監視用攝影機透過數位影像、廣播設備透過數位語音等，使大樓設備、身分辨識器、攝影機、廣播擴音等全面的數位化與網路化，從而達到完全的整合。

## ▶ 3.6　BMS 系統特點

(1) 集中管理與分散處理系統架構，快速與安全
中控主機、人機介面、管理模組等具有各自獨立運算的能力，於系統具有分工合作及運作協調機制。
使用區域管理之階層式架構，除了系統建構容易以外更具有故障風險分散及本地快速運算處理的能力。
工作站提供資料自動復原機制，於網路或主機異常時，於系統復原時自動將未送出之資料整批送出，確保資料的完整。

(2) 設備物件導向管理概念，統合管理與系統建構且擴充容易

如前述，將建築物所需的管理分成門禁安全、電力、空調、照明、給排水、消防、電梯、停車場等類別，方便於分類管理，於系統建構時只須依組態屬性選擇正確的模組類別，則可依照各類別特有的詳細組態設定視窗，正確的加入管理設備。

(3) 動態與靜態管理並存，大幅簡化管理與操作
動態的人員出入地事件可控制系統內任何靜態的設備。當使用者刷卡時，可依照預先設定的連動控制表，控制繁瑣的設備控制與警備的設定與解除。

(4) 數位影像與事件連動，防止人員誤失
設備事件或人員出入門禁事件可指定啓動攝影機錄影與影像顯示，使管理人員可以容易的掌握現場狀況與事後的調閱。

(5) 可設定各設備操作權限，同系統不同業主可共用
對於系統操作、設備控制、影像瀏覽、資料調閱、網路監視等具有完善的權限管制，確保系統及個人隱私安全。

(6) 網際網路遠端虛擬設備即時監控
每個設備可設定啓用或停用網際網路監控，不需寫任何程式(包括 HTML)就可執行即時的監控就如同於 Intranet 一般。

# Chapter 4

# 系統功能與原理說明

Building Intergration
Management

本章說明 BMS 之系統功能及各功能之動作原理，首先介紹 BMS 系統功能摘要。

如下表為系統摘要功能及於中控主機(SVR)、人機介面(HMI)及功能模組(EMC)上之作業分擔：

表 4-1　系統功能摘要於各模組上之分配

| 系統功能摘要 | | | SVR | HMI | EMC | 備考 |
|---|---|---|---|---|---|---|
| 操作者登錄權限管理 | | | ◎ | ○ | | 參閱系統權限安全管理 |
| 資料庫作成與管理 | 系統組態設備組態 | 設定 | | ◎ | ◎ | |
| | | 存檔 | ◎ | | ◎ | EMC 存 Local File |
| | | 下載 | ◎ | | | |
| | 設備管理 | 設定 | ◎ | ○ | ◎ | |
| | | 存檔 | ◎ | | ◎ | EMC 存 Local File |
| | | 下載 | ◎ | | ○ | |
| | 停車卡管理 | 設定 | | ◎ | | |
| | | 存檔 | ◎ | | | PCS 類別 EMC 存 Local File |
| | | 下載 | ◎ | | | |
| | 個人資料識別卡管理連動控制組態 | 設定、卡片發行 | | ◎ | ◎ | 識別卡含刪除、更新 |
| | | 存檔 | ◎ | | ◎ | |
| | | 下載 | ◎ | | ○ | |
| 設備管理 | 中央監視 | 設備狀態定期更新 | ○ | | ◎ | |
| | | 事件檢出與即時廣播 | | | ◎ | |
| | | 畫面顯示 | | ◎ | | |
| | | CCD 影像擷取 | | ◎ | | |
| | 遠方控制 | 操作 | | ◎ | ○ | |
| | | 控制回應 | | ○ | ◎ | 含控制失敗檢出 |
| | | 紀錄與印表 | ◎ | | | |
| | 運轉紀錄 | 設備開停次數計數 | | | ◎ | |
| | | 設備運轉時間累計 | | | ◎ | |
| | | 上限設定、歸零 | | ◎ | ○ | |
| | | 上限事件檢出與即時廣播 | | | ◎ | |

表 4-1　系統功能摘要於各模組上之分配(續)

| | | 系統功能摘要 | SVR | HMI | EMC | 備考 |
|---|---|---|---|---|---|---|
| 設備管理 | 偵測 | 線性值偵測及定期更新 | | | ◎ | |
| | | 上下限、模式設定 | | ◎ | ○ | |
| | | 上限事件檢出與即時廣播 | | | ◎ | |
| | 量測 | 數值量測累積及定期更新 | | | ◎ | |
| | | 除數、上限設定、歸零 | | ◎ | ○ | |
| | | 上限事件檢出與即時廣播 | | | ◎ | |
| | | 紀錄及日報月報 | ◎ | | | 含客戶指定計算式演算 |
| | 事件監視 | 事件檢出與即時廣播 | | | ◎ | |
| | | 顯示與確認 | | ◎ | | |
| | | CCD 影像自動擷取 | | ◎ | | |
| | | 紀錄與印表 | ◎ | | | |
| | | 事件處置導覽 | | ◎ | | |
| | 查詢 | 歷史資料查詢 | ◎ | ◎ | | |
| | | 資料庫查詢 | ◎ | ◎ | | |
| | | Local database 查詢 | ◎ | ◎ | | |
| 門禁管理 | 狀態監視 | 狀態定期更新 | ○ | | ◎ | |
| | | 事件檢出與即時廣播 | | | ◎ | |
| | | 畫面顯示 | | ◎ | | |
| | | CCD 影像擷取 | | ◎ | | |
| | 門鎖控制 | 災害時全部解鎖 | | ◎ | ○ | |
| | | 指定房間開鎖 | | ◎ | ○ | |
| | 事件監視 | 事件檢出與即時廣播 | | | ◎ | |
| | | 顯示與確認 | | ◎ | | |
| | | CCD 影像自動擷取 | | ◎ | | |
| | | 紀錄與印表 | ◎ | | | |
| | 進出管理 | 進出身分時間檢查 | | | ◎ | |
| | | 進出事件發佈 | | | ◎ | |
| | | 紀錄與印表 | ◎ | | | 可以 Disable |

表 4-1　系統功能摘要於各模組上之分配(續)

| 系統功能摘要 | | | SVR | HMI | EMC | 備考 |
|---|---|---|---|---|---|---|
| 停車管理 | 車輛進出管理 | 進出身分時間檢查 | | | | |
| | | 不正常使用檢出 | | | | |
| | | 進出事件發佈 | | | | |
| | | 紀錄與印表 | ◎ | | | 可以 Disable |
| | 狀態監視 | 狀態定期更新 | ○ | | | |
| | | 事件檢出與即時廣播 | | | | |
| | | 畫面顯示 | | ◎ | | |
| | | CCD 影像擷取 | | ◎ | | |
| | 來賓服務 | 來賓車位預約 | ○ | ◎ | | 含首頁、歡迎詞作成與修改 |
| | | 資料存檔及下載 | ◎ | | | |
| | | 來賓進出檢查及導引 | ○ | | | 含首頁、歡迎詞、停車位顯示 |
| | | LED Display 顯示 | | | | |
| | 連動控制 | 照明連動 | | | ◎ | |
| 進階功能 | 群組操作 | 設定 | ○ | ◎ | ◎ | |
| | | 中央遙控 | | ◎ | ◎ | |
| | | 連動控制 | | | ◎ | |
| | 事件(連動)控制 | 設定 | ○ | ◎ | ◎ | |
| | | 處理 | | | ◎ | |
| | | 不一致檢出 | ◎ | | | 本功能暫不提供 |
| | 預約控制 | 設定 | | ◎ | | |
| | | 處理 | | | ◎ | |
| | | 不一致檢出 | ◎ | | | 本功能暫不提供 |
| | 緊急求救送信 | 遠端電信送信 | ◎ | | | |
| | | 個人手機或呼叫器顯示 | ◎ | | | |
| | 趨勢圖 | 信號選定、取樣設定 | ◎ | | ○ | |
| | | 取樣、FIFO、送信 | | | ◎ | |
| | | 紀錄 | ◎ | | | |
| | | 顯示、分析 | | ◎ | | |
| 操作協助 | | 管理報表內容、格式設定 | ○ | ◎ | | |
| | | 異常事件處理方法提示與通知 | ○ | ◎ | | |
| | | 設備保養提示與通知 | ○ | ◎ | | |
| | | 線上操作說明 | | ◎ | | |

# ▶ 4.1　系統資料庫

如 3.4.1 專案成本的考量所述，本系統是透過系統標準的應用程式及依照客戶而定的系統資料庫完成客戶所需的運轉功能，因此系統資料庫在本系統是非常重要的環節，本節說明本系統相關的資料庫及運用規範。

## ▪ 4.1.1　資料庫種類

本系統資料庫如下表分為主檔資料庫(Master Database)及管理資料庫(Management Database)以及系統自動產生的資料(Log-file or Recorder file)等三大類。

表 4-2　本系統資料庫

| 類別 | 資料名稱 | 內容、目的 | 建立者 |
|---|---|---|---|
| 主檔資料 | 設備管理資料 (設備組態) | 系統下設備之資料，管理設備類別模組、介面組態、功能與參數等等，為系統之原始參考資料庫 | 專案工程師 超級管理者 |
| | 圖控畫面 | 圖形人機介面之圖形與設備之定義，人機介面根據此定義檔產生操作畫面。 | 專案工程師 超級管理者 |
| | 人員管理資料 | 系統下之人員資料，管理人員編號、姓名、權限等級、識別卡號、停車資料等等，為系統安全與門禁之原始參考資料庫 | 超級管理者 管理者 |
| | 工作站管理資料 | 記載系統網路下各工作站名稱位址、編號及資料下載情形，用以管理本系統工作站。 | 系統產生 專案工程師 |

表 4-2　本系統資料庫(續)

| | | | |
|---|---|---|---|
| 管理資料 | 連動控制資料 | 系統設備連動控制設定，下載到工作站，則於事件發生時可啓動或停止相關設備或改變線性設備參數值。 | 管理者 |
| | 群組設備資料 | 2~15 個設備集合爲一個群組之設定，設定前必須於設備管理資料建立群組設備 ID | 管理者 |
| | 預約控制資料 | 系統設備預約控制設定，下載到工作站，則於預定的時間啓動或停止相關設備或改變線性設備參數值。 | 管理者 |
| | 門禁管理資料 | 以每個門禁爲單位，管理門禁相關資訊 | 管理者 |
| | 停車管理資料 | 系統下之人員停車管理資料。 | 管理者 |
| 記錄資料 | 系統記錄檔 | 以每天一個檔案，記錄系統今天狀態、包括管理操作、工作站登入登出與異常狀態、 | 管理者 |
| | 事件記錄檔 | 記錄系統設備事件發生地點、事件、時間、確認處理等資訊 | 系統產生 |
| | 綜合資料庫 | 以 ODBC 方式提供人員管理資料、歷史事件資料、上下班打卡等資料之轉換，作爲其他系統資料轉換介面。 | 系統產生 |

# ▪ 4.1.2　主檔資料庫

● 主檔資料庫爲本系統各種功能所參考的資料，所以於系統運轉前必須先建立。

● 主檔資料庫可由本系統之超級管理者(Supervisor)或製造廠商(Maker)專案工程師建立，本系統需要建立的主檔資料只有設備管理資料、人員管理資料及圖控畫面等三種。

● 於中控主機內建立主檔資料及維護，並提供直接下載更新工作站資料之功能，簡化系統維護操作。

## ▪ 4.1.3　設備管理資料庫

● 本系統功能模組以下管理的設備之介面構成、運作功能特性、配屬工作站等，依照客戶規範需求，於設備管理資料庫中定義。

● 設備管理以客戶設備爲單位，賦予每個設備的名稱，並依照設備所在的位置、設備類別、功能模組種類作分類並予以編號管理，以及所配屬的工作站管理作爲資料同步更新。

● 於設備查詢及資料維護時可以利用上述的設備類別與模組種類、或配屬工作站以及所在位置作查詢之索引，快速調閱資料。

● 本系統最大可管理 4096 個設備，每一個設備依照管理的需求，包含 10 個以上的物理介面點，所以實際上的物理介面點大於管理設備點。

● 可以於中控主機增減或變更設備項目，並可以直接於中控主機下載同步更新工作站之資料，日後系統維護與變更非常方便。

● 本系統各種管理資料設定、報表等完全以設備名稱存取，因此操作上非常容易。

## ▪ 4.1.4　人員資料庫

● 本系統內建人員門禁與車輛進出管理之身分辨識資料，以及公用資源與網路資料存取與服務之人員資料庫。

● 人員資料以個人爲對象，最多可管理 2000 人；於辦公大樓以人員所屬之部門、辦公室所在之大樓與樓層及位置序號、以及人員門禁權限作爲編號管理，於集合住宅大樓則以人員所在的樓與樓層及住家、及家庭序號作爲編號管理。

● 可以個人或所屬部門、家庭、樓層位置、辦公室及存取權限，依照客戶實際需要管理門禁、車輛出入以及系統資訊服務存取。

● 本系統提供 ODBC 人員資料匯出與匯入功能，並提供客戶定義的人員識別代號，可以很方便的與客戶資料轉換。

● 上述 ODBC 人員資料庫內建人員相片，提供於人車進出時於人機介面顯示人員相片，如配置網路攝影機時，作爲管制中心人員確認用。

## ▪ 4.1.5　工作站管理資料庫

● 本系統於網路的中控主機以下，以乙太網路連結各種不同功能模組處理單元，統稱爲工作站，每部工作站都是一台可獨立運轉的工業電腦。

● 工作站開機後自動登入中控主機，並於中控主機自動建立工作站基本資料，且管理上述之電腦名稱與工作站編號。

● 工作站編號是以工作站所在的大樓、樓別及功能類別與序號編號管理。

● 除了系統自動建立工作站管理資料庫，必要時也可由系統工程師編輯或建立，最大可建立 128 台工作站管理資料。

● 本系統之操作與顯示是以工作站電腦名稱存取，可以方便人員建立設備資料庫與操作圖形介面畫面。

● 每部工作站具有系統唯一的電腦名稱與網路位址和工作站編號。

## ▪ 4.1.6　圖控畫面定義資料庫

- 系統工程人員可以定義本資料庫建構符合客戶大樓之圖形人機介面操作環境。

- 每張畫面可配置最大 64 個圖示元件，每個元件可定義顯示與操作功能，及定義設備連結。

- 依照系統管理類別或設備位置，可集合 2~10 張相關的畫面成為一組畫面群組，並可建構成有效率及操作方便的圖形人機操作環境。

- 客戶可隨時增減或修改畫面圖形元件。

# ▶ 4.2　系統工作站動作原理

中控主機、人機介面、功能模組 EMC 之工作原理如下：

## ▪ 4.2.1　中控主機主要的功能方塊

如圖 4-1 為中控主機與人機介面主要的功能方塊圖。

概要說明如下：

於圖右上方 BMS ODBC 綜合資料庫包含人員、設備及歷史事件資料，透過 ODBC 資料連結驅動程式轉換為二進制格式檔案，這是因為二進制格式檔案對 BMS 程式執行效率較高的緣故，而 ODBC 格式提供高階的管理報表程式及與 OA 系統整合之介面。

於人機介面提供資料庫編輯、畫面編輯之系統建構工具，於實際使用時提供圖示操作與其他的管理操作與設定工具(詳細於後面章節說明)，於圖下方中控主機與人機介面經由 UDP 通信處理與系統 EMC 做通信連結，通信內容有 Health 通信、控制與設定通信、事件與狀態通信、資料下載通信、數據資料通信...等等。

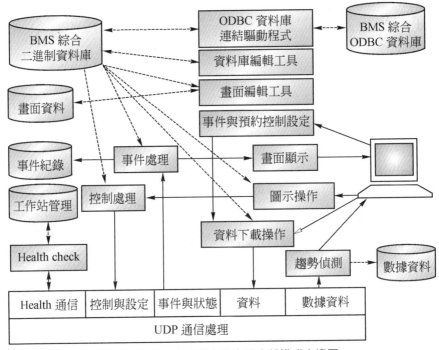

圖 4-1　中控主機與人機介面內部構成方塊圖

透過 Health check 中控主機可以自動抓取系統上連接的 EMC 之工作站編號、電腦名稱、通信品質以及 Master data 下載之正確與否，並自動建立工作站管理表及檔案。

於人機介面之圖控畫面，可以滑鼠操作圖示或由鍵盤輸入設備設定參數，透過控制與設定通信功能控制 EMC 設備或設定設備參數。

EMC 所連接的設備當狀態或數值變更時將自動的通知系統，而中控主機以事件處理功能讀取設備狀態或數據立即更新畫面設備狀態，同時將重要的事件紀錄於事件檔案，並定期的寫到 ODBC 格式資料庫，以及立即印表。

當管理者開啓系統 Master data file 時，可操作資料下載更新 EMC 資料，如因爲變更 EMC 硬體組態，則可直接重置 EMC。

對於數據偵測之設備則透過數據資料通信定期的更新目前設備資料，利用此資料可以產生設備趨勢圖以及設備每日運轉偵測報表與紀錄。

## ▪ 4.2.2　EMC 主要的功能方塊

如下圖 4-2 爲功能模組 EMC 主要的功能方塊，於左方 UDP 通信處理，當 HMI 建立或修改 Master data 後，操作資料下載，EMC 收到相關的資料則存放於記憶體及寫入 Local File，於 EMC 啓動時，首先讀取設備組態資料，依照設備管理資料之模組類別建立各設備對應 I/O 模組表，以及門禁管理類別之 IDC(Identify Controller)模組表，然後 EMC 以 Polling 方式透過串序通信介面(UART)掃描 I/O 模組放於設備狀態記憶區(又稱爲 Device Image buffer)，然後由狀態送信處理將變化的狀態或數據以廣播方式送到系統作爲事件連動控制處理，或者定期的向 HMI 更新目前設備狀態與數據，而 HMI 可更新圖控畫面設備狀態。

圖中功能運算包括事件連動控制運算、預約控制運算、遠方控制與參數設定處理、設備狀態與數據變化檢出與送信、設備狀態定期送信處理。

I/O 輸出處理則將功能運算所產生的結果經由 I/O 模組送到建築物設備介面。

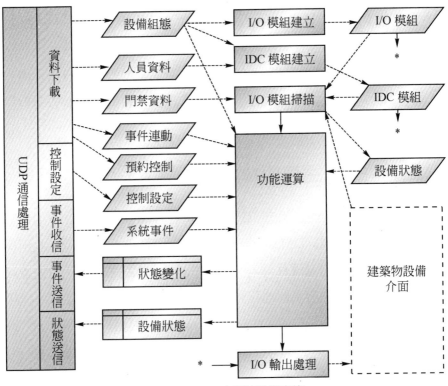

圖 4-2　EMC 主要的功能方塊

## ▪ 4.2.3　UDP 通信處理

本系統於 Intranet 使用 UDP(User Datagram Protocol)以達到如事件廣播之特殊通信功能,而所用的 IP 位址為屬於 D 等級的 224 Section,而通信資料格式如下圖 4-3:

| CMD | From | To | TL | CL | SN | RMD | OPID | FCC | DATA |
|-----|------|----|----|----|----|-----|------|-----|------|
|     |      |    |    |    |    |     |      |     |      |

圖 4-3　UDP 通信資料格式

而上圖記號代表意義及資料長度如下：

表 4-3　UDP 通信資料格式內容

| 記號 | 長度 | 意義 |
|------|------|------|
| CMD | 2 | 封包命令碼，用以決定 DATA 內容與格式。 |
| From | 4 | 發信的工作站管理代碼，用以告訴對方發信的來源。 |
| To | 4 | 發信的對象，用以告訴所有工作站是否需處理本封包。 |
| TL | 4 | DATA 之總長度，如大於 1400 則為多封包傳送。 |
| CL | 2 | 本次封包 DATA 之長度。 |
| SN | 2 | 本次封包之序號，用以處理 DATA 長度大於 1400 Byte 之處理用。 |
| RMD | 4 | 多封包傳送告訴對方還剩多少 Byte 未傳。 |
| OPID | 4 | 如為設備存取控制時，告訴對方管理者代號，以決定是否接受存取操作。 |
| FCC | 2 | Frame Check Code，為 CRC16 Code。 |
| DATA | 0~1400 | 資料本體，內容依照 CMD 而定。 |

# ▶ 4.3　編號體制

　　本系統之通信和事件以及控制室以編號來分辨工作站、設備、人員，以及存取操作之意義，透過有系統的編碼可以達到下例的應用：

(1)　設備編號方法，可依照設備類別、模組種類、樓層位置作快速設備查詢。

(2)　人員編碼方法，可以作人員分組，於進出時段可對某群組作統一設定，簡化門禁資料設定。

　　本節說明 BMS 之編碼方法及代表意義。

## ▪ 4.3.1 工作站編碼

　　工作站識別碼(Station ID)為通信與設備管理重要的識別碼，於 UDP 通信，以工作站識別碼辨識通信的對象與群組獲全體廣播，於設備管理及人員識別卡管理，以工作站識別碼辨識資料歸屬；如下圖 4-4 為工作站管理代碼格式。

| Byte No. | 0 | 1 | 2 | 3 |
|---|---|---|---|---|
| Segment Name | BB | FF | RR | SS |

圖 4-4　工作站管理代碼格式

　　如上圖各 Segment 代碼定義如下表：

表 4-4　網路節點位址編碼

| Segment | | 編號原則 | Code | 代號 | 適用設備 |
|---|---|---|---|---|---|
| BB | Bit 7~6 | 所屬大樓別 | 0 | | 公共區 |
| | | | 1~7 | | 棟別 |
| | Bit 0~5 | Station Type | 1 | STATION_SERVER | 伺服主機 |
| | | | 2 | STATION_PORTAL | 門口機 |
| | | | 3 | STATION_HMI | 人機介面(操作台) |
| | | | 4 | STATION_EMC | 前置處理機 |
| | | | 5 | STATION_PCS | 停車管理機 |
| | | | 6 | STATION_HAS | 家庭主機及子機 |
| | | | 7 | STATION_IDC | 門禁管理兼前置處理機 |
| | | | 8 | STATION_LCS | 兩線式照明主機 |
| | | | 9 | STATION SMC | 攝影機、SMC 工作站 |
| | | | 10 | STATION_BBS | 電子佈告欄 |
| FF | | 所在之樓層 | 0~127 | 無 | 通用 |
| RR | | 所在樓層房間或區域 | 0~255 | 無 | 通用 |
| SS | | Serial No | 0 | | 系統使用 |

## ▪ 4.3.2　設備與人員管理編碼

　　本系統以一組 32 位元數字代表設備及人員，內部保留 4 位元作為設備與門禁事件及設備控制代碼，以此 32 位元數字可以代表系統任何設備或人員所發生設備事件或人員事件，以及以此數字代碼可控制任何設備的 ON/OFF 控制。

### ◆　基本編碼格式

　　本代碼可以表示設備、事件、控制、系統功能(如群組設備、群組事件、虛擬設備)、人員車輛門禁事件等，依照各個代碼種類、此 32 位元的編碼格式如下表，Class No，Building no，Floor no，Serial no．等編碼意義於下各節所示。

表 4-5　設備、事件、控制編碼格式

| Bit no. | 設備編號 | 事件編號 | 控制與設定 | 系統功能 | 人員進出 | 車輛進出 |
|---|---|---|---|---|---|---|
| 31 | 0 | 0 | 0 | 0 | 1 | 1 |
| 30~26 | 設備類別碼 Class no. (1~31) | | | 00 | Potion No.(1~31 而 31:臨時) | |
| 23~25 | Building no. (0~7) | | | | | |
| 16~22 | Floor No. (0~127) | | | | | |
| 15~8 | Serial No.(1~255) | | | | | |
| 7~4 | 0 | Event ID (0~15) | Operate ID (0~15) | Function ID (0~15) | Access code (0~15) | |
| 3~0 | H/W Kind (0~15) | | | Function Kind (0~15) | Family code (0~15) | |

### ◆　編碼方法

(1)　設備類別碼：用以表示設備類別。

表 4-6　設備類別碼

| Code | 設備類別 | 備註 | Code | 設備類別 | 備註 |
|---|---|---|---|---|---|
| 0 | 保留系統用。 | | 6 | 兩線式照明管理系統 | |
| 1 | 門禁及安全管理設備類、Key-Box。 | | 7 | 電梯設備類。 | |
| 2 | 消防設備類。 | | 8 | Home automation system。 | |
| 3 | 空調設備類。 | | 9 | 影像監視、電子佈告欄、SMC 相關系統。 | |
| 4 | 大樓機電設備類(電力、動力、照明等設備)。 | | 10 | 停車管理系統。 | |
| 5 | 衛生、給排水設備類。 | | | | |

(2) Potion No：用以表示人員的部門或屬性代號

(3) Building no，Floor no，Serial no‧等用以表示設備或人員住所或辦公室所在的位置。

(4) Building No.

表 4-7　Building code

| Code | 設備類別 | 備註 |
|---|---|---|
| 0 | 公共區 | |
| 1~7 | Building No | |

(5) Floor No.

表 4-8　Floor code

| Code | 設備類別 | 備註 |
|---|---|---|
| 0 | 公共區 | |
| 1~119 | 地上樓 | |
| 120~126 | 地下樓 | |
| 127 | 屋頂 | |

(6)　Serial No.

表 4-9　Serial code

| Class | Code | 設備類別 | 備註 |
|---|---|---|---|
| 兩線式照明 | 1~255 | 燈具、控制區域編號 | |
| 電梯 | 1~255 | 電梯 Bank+號機 | |
| 停車場管理系統 | 1~255 | PCS Station No. | |
| 其他 | 1~255 | 設備序號 | |

(7)　H/W Kind.：用以表示設備特性模組種類。

表 4-10　H/W Kind code

| Class code | Kind code | H/W 摘要 | | | | | 適用 |
|---|---|---|---|---|---|---|---|
| | | DI | DO | AI | AO | PI | |
| 1 | 0 | 6 | 2 | | | | 房間型門禁及警備監控。 |
| 3~7 | 1,2 | 2 | 2 | | | | 機電設備、照明等開停控制。 |
| | 3 | | 2 | 3 | | | 電力設備偵測及開停控制。 |
| | 4 | 1 | 2 | | 1 | | 電力設備線性控制及開停控制。 |
| | 5 | 1 | 2 | | | 1 | 用電、用水、瓦斯等計測及開停控制。 |
| | 8 | 16 | 18 | | | | 16x16 陣列式輸入。 |
| | 9 | 2 | 2 | 2 | 2 | | 空調 PID control。 |

(8)　Family code：用以表示人員門禁權限或家庭成員序號。

(9)　Event ID：用以表示設備事件，事件內容依照設備類別與特性模組種類而定。

表 4-11　Event ID code

| Code | 一般設備硬體種類對應內容 | | | 特殊設備類別(Kind code=0) | | | 進出事件 |
| | DIO/AO | AI | PI | ACS 設備 | PCS | LCS | Sys code=1 |
|---|---|---|---|---|---|---|---|
| 0 | 設備停止運轉 | 同左 | 同左 | 警備解除 | 解除管制 | 照明 Off | 進入 |
| 1 | 異常復原 | 同左 | 同左 | 門鎖開 | 柵欄開 | | 出去 |
| 2 | 自動模式 | 同左 | 同左 | 侵入#1 解除 | 滿車解除 | | |
| 3 | 計時器清除 | 上限恢復 | | 侵入#2 解除 | | | |
| 4 | 計數器被清除 | 下限恢復 | PI 被清除 | 火災解除 | | | |
| 5 | 手動模式 | 同左 | 同左 | 瓦斯洩漏解除 | | | |
| 6 | 開關 Off | 同左 | 同左 | 進出中 | | | |
| 7 | 中央控制 | 同左 | 同左 | 迴路異常 | | | |
| 8 | 設備開始運轉 | 同左 | 同左 | 警備開始 | 管制開始 | 照明 On | |
| 9 | 異常檢出 | 同左 | 同左 | 門鎖關閉 | 柵欄關閉 | | 非法動線 |
| 10 | 開關 On | 同左 | 同左 | 侵入#1 動作 | 非法檢出 | | 時段外 |
| 11 | 時間上限 On | 上限檢出 | | 侵入#2 動作 | | | 卡片無效 |
| 12 | 計數上限 On | 下限檢出 | PI 上限 On | 火災檢出 | 滿車檢出 | | |
| 13 | 本地控制 | 同左 | 同左 | 瓦斯洩漏 | | | |
| 14 | Over Run | | Over Run | IDC 異常 | PCS 異常 | | |
| 15 | 控制失敗 | 同左 | 同左 | 門鎖控制失敗 | 控制失敗 | 控 制 失 敗 | |
| 16 | 時間上限內 | 同左 | 同左 | IDC 正常 | | | |
| 17 | 次數上限內 | 同左 | 同左 | 進出結束 | | | |
| 18 | 計時停止 | 同左 | 同左 | 迴路正常 | | | |
| 19 | 計數停止 | 同左 | 同左 | 開門按鈕 On | | | |
| 20 | 控制正常 | 同左 | 同左 | 開門按鈕 Off | | | |
| 21 | 計數中 | 同左 | 同左 | | | | |
| 22 | --- | 時間上限 | 同左 | | | | |
| 23 | --- | 計數上限 | 同左 | | | | |
| 24 | | | 同左 | | | | |
| 25 | 自動控制模式 | 同左 | 同左 | | | | |
| 26 | 自動控制模式 | 同左 | 同左 | | | | |
| 27 | 中央控制模式 | 同左 | 同左 | | | | |
| 28 | 手動控制模式 | 同左 | 同左 | | | | |
| 29 | 本地控制模式 | 同左 | 同左 | | | | |
| 30 | | | | | | | |
| 31 | | | | | | | |

備註：　Code >= 16 不提供事件連動控制

(10) Operate ID：用以表示設備控制內容，由設備類別與特性模組種類而定。

表 4-12　Operate Code 涵義

| Code | 一般設備硬體種類對應內容 | | | 特殊設備類別(Kind code=0) | | | |
|------|---------|-----|-----|-----|------|-----|-----|
|      | DIO/AO | AIO | PI | ACS | HOME | PCS | LCS |
| 0 | 停止運轉 | | | 停止管制 | | PCS 暫停管制 | |
| 1 | 啓動運轉 | | | 啓動管制 | | PCS 恢復管制 | |
| 2 | 清除計時器 | | | 清除在室計數 | | 柵欄保持開啓狀態 | |
| 3 | 清除計數器 | | | 清除門禁狀態 | | 柵欄關閉控制 | |
| 4 | 啓動計時器 | | | 門鎖臨時開啓 | | 柵欄臨時開啓 | |
| 5 | 啓動計數器 | | | 啓動在室計數 | | 啓動計數器 | |
| 6 | 暫停計數計時 | | | 停止在室計數 | | 暫停計數 | |
| 7 | 恢復內定功能 | | | 恢復內定功能 | | 恢復內定功能 | |
| 8 | 停止 Event 送信 | | | 停止 Event 送信 | | 停止 Event 送信 | |
| 9 | 啓動 Event 送信 | | | 啓動 Event 送信 | | 啓動 Event 送信 | |
| 10 | 擴充控制功能 | 擴充控制功能 | 擴充控制功能 | | | | |
| 11 | 開關 On | 開關 On | | 暫時解除警備 | | | |
| 12 | 開關 Off | 開關 Off | | 解除警備 | | | |
| 13 | | | | 設定警備 | | | |
| 14 | | | | 停止進出送信 | | | |
| 15 | | | | 啓動進出送信 | | 滿車燈 Off 控制 | |
| 16 | 不適用 | 不適用 | 不適用 | | | 滿車燈 On 控制 | |
| 17 | | | | | | 停止進出狀態紀錄 | |
| 18 | | | | | | 啓動進出狀態紀錄 | |
| 19 | | | | | | 停止 VIP 停車 | |
| 20 | | | | | | 啓動 VIP 停車 | |
| 21 | | | | | | | |
| 22 | | | | | | | |
| 23 | | | | | | | |
| 24 | | | | | | | |
| 25 | | | | | | | |
| 25 | | | | | | | |
| 27 | | | | | | | |
| 28 | | | | | | | |
| 29 | | | | | | | |
| 30 | | | | | | | |

(11) Access code：用以表示人員或車輛門禁事件。

(12) Function ID：系統用。

(13) Function Kind：系統用。

# ▶ 4.4 系統權限安全管理

本系統中控主機之資料與系統操作之安全管理，除了採用符合美國 CSC-STD-00l-83 EPARTMENT OF DEFENSE TRUSTED COMPUTER SYSTEM EVALUATION CRITERIA 所規定之作業系統以外，於進入 BMS 時，由本系統提供下述的系統操作安全管理機制。

## ▪ 4.4.1 權限等級

如下表本系統分六個權限等級，系統管理者可於系統人員資料建立設定人員操作權限。

表 4-13　權限等級

| 操作等級 | 權限摘要 | 適用人員 |
|---|---|---|
| 製造廠商<br>(Maker) | ● 系統建立。<br>● 系統基本規格、功能設定。<br>● 系統組態與各種資料庫建立與維護。<br>● 圖控畫面建構與維護。 | 廠商專案工程師 |
| 系統管理者<br>(Supervisor) | ● 系統人員操作權限設定。<br>● 系統功能權限設定。<br>● 系統組態與各種資料庫建立與維護。<br>● 圖控畫面建構與維護。<br>● 一般管理者以下的全部功能。 | 系統管理者<br>系統工程師 |

表 4-13　權限等級(續)

| 一般管理者<br>(Management) | ● 一般人員資料建立與維護。<br>● 設備管理資料維護。<br>● 事件連動、預約、群組等控制設定。<br>● 人員車輛門禁管理資料建立。<br>● 超級管理者所開放的功能。<br>● 系統操作者以下的全部功能。 | 行政主管人員<br>機電部門人員 |
|---|---|---|
| 系統操作者<br>(Operator) | ● 圖控操作，設備中央控制。<br>● 預約控制臨時修改設定。<br>● 事件連動控制暫時停止或恢復操作。<br>● 暫時停止設備事件發佈。<br>● 超級管理者所開放的功能。<br>● 系統監視者以下的全部功能。 | 監控中心主任 |
| 系統監視者<br>(Monitor) | ● 線上輔助說明查詢。<br>● 圖控畫面切換操作。<br>● 事件確認操作。<br>● 報表印製。<br>● 超級管理者所開放的功能。 | 監控中心值班人員 |
| 一般人員(Guest) | ● 可以透過身分辨識裝置進出本系統管制點。<br>● 可在網路查詢大眾資訊及自己個人資訊。 | 住戶、辦公室人員 |

## ▪ 4.4.2　登入與登出

(1) 登入與登出：管理者必須輸入登入名稱與密碼才能進入本系統，並由個人資料取得權限等級與人員組別，於管理交接班時執行登出操作。

(2) 登入畫面：於系統設計可設定不同管理群組之畫面，系統管理者可依人員之工作性質人員資料表設定人員組別，如機電群組、保全群組、管理群組等；人員登入系統後，依照人員組別進入群組首頁，並限制於允許操作畫面作畫面選擇操作與設備圖示控制。

(3) 操作紀錄：管理者於登入系統後所執行的重要操作功能都被紀錄於系統紀錄檔，管理者可調閱查詢。

## ▪ 4.4.3 功能權限

(1) 功能操作權限設定：系統管理者可對於下列的重要的操作功能等設定允許操作的組別與權限等級，保護系統資料安全。

表 4-14　功能權限

| 操作功能 | 可否設定 | 內定 |
|---|---|---|
| 設備資料建立 | 不可 | 製造廠商 |
| 權限設定 | 可 | 系統管理者 |
| 人員資料建立 | 可 | 系統管理者 |
| 人員操作權限與密碼預設 | 可 | 系統管理者 |
| 設備資料編輯與下載 | 可 | 系統管理者 |
| 人員資料編輯與下載 | 可 | 系統管理者 |
| 群組與個別畫面組別設定 | 可 | 系統管理者 |
| 停車場管理資料編輯與下載 | 可 | 一般管理者 |
| 連動控制設定與下載 | 可 | 一般管理者 |
| 預約控制設定與下載 | 可 | 一般管理者 |
| 門禁管理資料設定與下載 | 可 | 一般管理者 |
| 工作站程式更新 | 不可 | 製造廠商 |
| 工作站組態設定 | 不可 | 製造廠商 |
| 工作站重新啟動 | 可 | 系統管理者 |
| 歷史資料顯示 | 可 | 一般管理者 |
| ODBC 報表操作 | 可 | 一般管理者 |

(2) 功能操作權限檢查：管理者功能操作時，系統依照上表功能項目所設定的群組與權限，核對管理者的組別與權限。

# ▶ 4.5　基本畫面

當管理者成功登入本系統時，則自動進入如下圖 4-5 的 HMI 基本畫面；

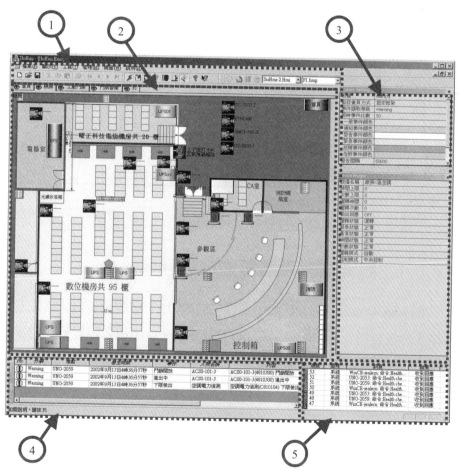

圖 4-5　HMI 基本畫面

於圖 4-5，各 Partition 概要功能目的如下

(1) Menu 與 Tool bar　　　提供系統操作功能選單與操作工具。

(2) 主監控畫面　　　　　目前所監視之分類設備之監控畫面。

(3) 多功能畫面　　　　　依照操作顯示設備詳細狀態表或系統設定表。

(4) 事件畫面　　　　　　目前發生之異常及緊急訊息。

(5) 系統訊息畫面　　　　本系統目前的運轉狀態、包括通信狀態、各 EMC、LCP 等狀態、操作結果等資訊。

# ▶ 4.6 一般設備自動化功能

本節說明適用於一般設備之自動化功能。

## ▪ 4.6.1 設備狀態與情報通信與顯示

如下圖 4-6，每台 EMC 都由中控主機(SVR)下載設備資料，EMC 啓動時，檢查設備資料中所指定的 I/O 模組做成 I/O 模組對照表，而 EMC 透過 I/O 模組與建築物設備連接。

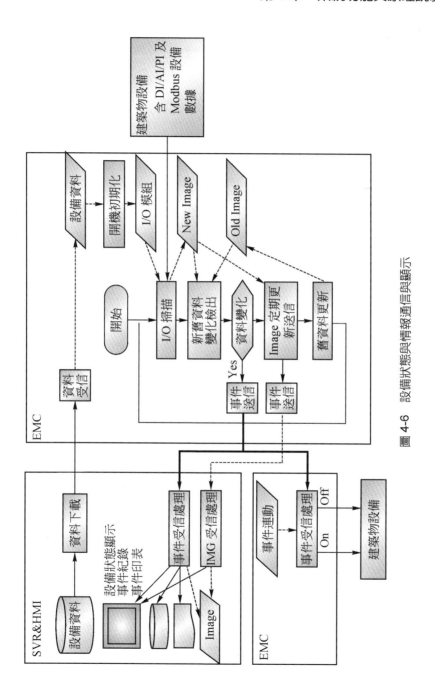

圖 4-6　設備狀態與情報通信與顯示

EMC 之運算流程，每週期依照 I/O 模組對照表掃描建築物設備，讀取 DI/AI/PI 以及 Modbus 設備數據寫到 New Image buffer，然後與上次讀取的設備映像(Image)做比較，發現任何狀態或數據變化設備，立即將設備映像以廣播方式傳出，稱此為事件通信。

中控主機收到事件通信，作為設備畫面資料更新與事件紀錄與印表，而 EMC 則檢查事件連動控制表，如相關的事件則執行事件連動控制運算，控制建築物設備。

如無事件時，EMC 以固定週期將各個設備映像順序送到中控主機，此為設備映像定期通信，中控主機收到後則做畫面設備狀態與資料的更新。

由此可知，於事件通信，EMC 可不經由中控主機收到其他 EMC 最新的資料，如有相關的事件連動，則可以立即執行連動控制處理。

而中控主機可進一步由定期的設備映像傳送，隨時的掌握正確的設備狀態。

## ▪ 4.6.2 設備控制與狀態回應監視

於主監控人機介面，設備控制時，依照各個設備指定的控制回應監視組態設定，控制命令輸出後，於指定的時限設備未回應時，發出控制失敗事件警訊。

動作原理如下：

(1) 操作者 HMI 操作畫面控制圖示，HMI 檢查操作者權限，容許者則向指定 EMC 發出控制命令，並計時等待 EMC 回應，如 EMC 無回應則產生控制失敗訊息。

(2)　如 EMC 收到控制命令，則立即向 HMI 回應 ACK (認知)，HMI
　　　則清除回應等待，而 EMC 依照控制輸出 On/Off pulse 或信號到
　　　客戶設備，並計時等待目前控制狀態回應，如 2 秒後客戶設備
　　　狀態與控制狀態不一致時，則向 HMI 發出控制失敗訊息。

(3)　於 EMC 接受到的控制狀態被保存於記憶體，如中途客戶設備被
　　　強迫 On/Off 時，EMC 也會發出控制失敗訊息。

(4)　於 EMC 之預約控制及連動控制所產生的設備控制也以同樣的流
　　　程檢查控制與狀態之一致性，如不一致時也同樣會發出控制失敗
　　　訊息。

(5)　一致性檢查必須於 HMI 對指定的設備開啓一致性檢查並下載
　　　到 EMC。

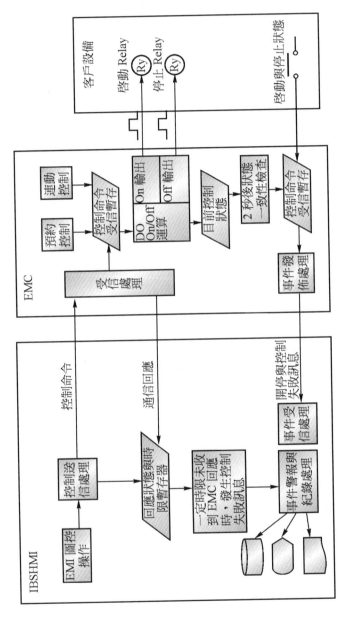

圖 4-7 設備控制狀態回應監視

### ▪ 4.6.3　事件連動控制

如下圖所示的事件控制設定視窗，每一個事件連動控制項目可定義最大四種事件即條件運算邏輯，於條件成立時可定義最大四種個別或群組設備，啟動或停止設備運轉或變更設備參數；設定完了可下載到EMC，EMC 隨時聽取系統網路上的事件及自己的事件，於條件成立時執行連動控制。

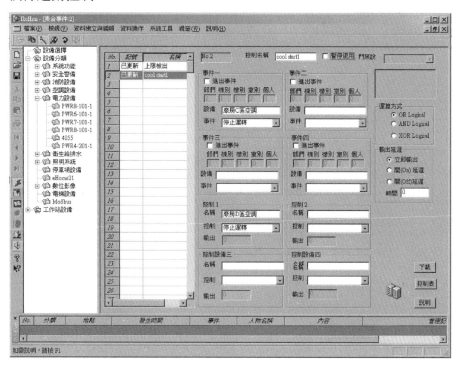

如下圖 4-8 為 EMC 處理事件連動控制之邏輯。

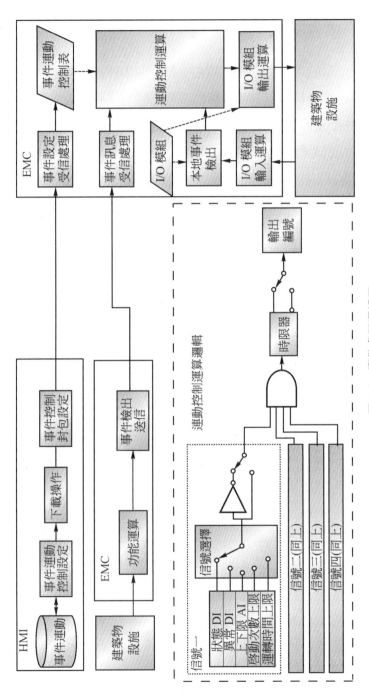

圖 4-8　事件處理邏輯圖

## ▪ 4.6.4  預約控制

　　本功能提供管理者預先設定 200 組於指定的時間內作設備的 On/Off 控制，本系統提供平日假日與特別日三種日別，每種日別各有兩個固定及一個臨時時段，固定時段爲每天例行預約控制，而臨時時段提供當天暫時的變更；每個時段可控制 16 個個別設備或群組設備；平日爲週一到週五，假日爲週六及周日，特別日爲系統特別定義的日子；設定完成的資料可以下載到 EMC，EMC 則依照日別及時段執行設備的 On/Off 控制。

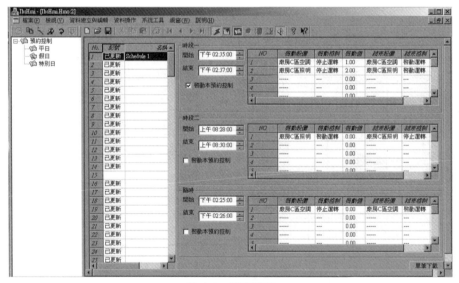

圖 4-9  設定畫面

　　如下圖 4-10 爲處理方塊圖：

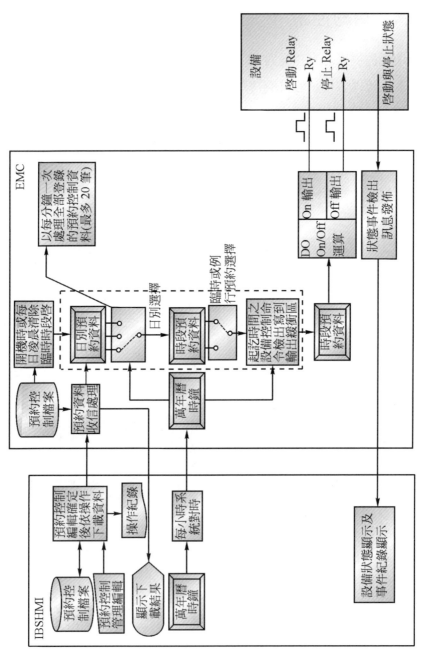

圖 4-10 預約控制方塊圖

## ▪ 4.6.5　群組設定功能

　　本功能提供管理者可指定最多 15 個個別設備或群組設備成為一個虛擬設備，利用此虛擬設備可執行遠端 On/Off 控制、事件連動控制、預約控制就如同單一設備控制一般。

　　與單一設備不同的地方為，群組控制只能由中控主機執行。

## ▪ 4.6.6　功能切離

　　當設備正進行保養維修時，為了要防止無效的警訊以及錯誤的自動控制，因此由管理人員暫時將相關的設備管理點之監視、警訊及控制功能暫時的切離。

(1)　控制抑制

　　　　如下圖 4-11 各個設備管理點，設有控制功能有效與無效之軟體切換開關，將指定的設備作控制功能無效設定，則該設備管理點不會執行任何自動控制。

(2)　管理抑制

　　　　如下圖 4-11 各設備管理點，設有管理功能有效與無效之軟體切換開關，將指定的設備作管理功能無效設定，則該設備管理點不會執行任何自動控制以及警訊信號不被處理。

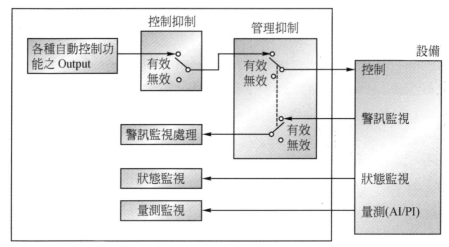

圖 4-11　功能切離

# ▶ 4.7　環境控制功能

以下為有關環境控制功能之說明。

## ▪ 4.7.1　比例積分微分控制

本功能模組是以 PID 演算法之現場直接數位回授自動控制，可由中控室或現場設定目標值，本模組自動依照回授值以 PID 演算法，隨時調整出力值，使最後的結果如房間溫度、溼度或壓力等維持在極小的誤差範圍，倘若突然變更目標值或外力干擾，使誤差值突然變大時，以 PID 演算法，調整出力，使最後的結果快速的追隨目標值，並消除過激及振盪。

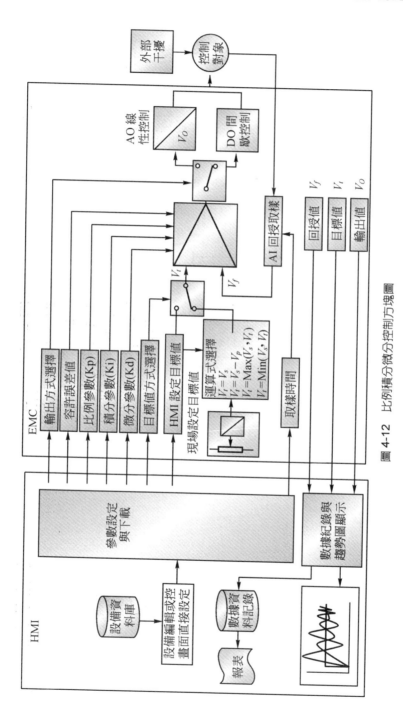

圖 4-12　比例積分微分控制方塊圖

　　如圖 4-12，使用者可以於人機介面預先設定 PID Control 控制參數，依照使用者操作下載參數到 EMC，於 EMC 執行 PID 回授控制運算；目標值(Vt)有兩種選擇，單純由 HMI 設定目標值，或指定由現場外部設定硬體 AI 介面時，可指定如上圖 4-12 之運算式，此外部設定 AI 介面可以由人工操作設定，也可作為下列應用範例。

範例一：無塵室內恆壓控制壓力必須室內壓力保持高於室外壓力而得到無塵環境。

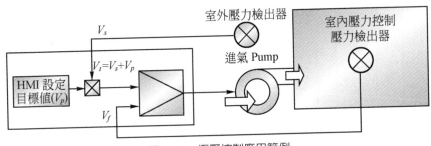

圖 4-13　恆壓控制應用範例

範例二：空調箱溫差控制，HVAC 進水與出水溫度差要保持固定，將 PID-1 之出力作為 PID-2 參考，Vp2 設定為兩者希望的溫差值。

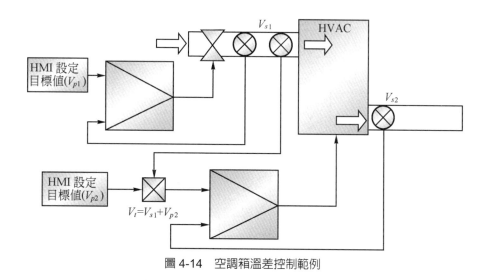

圖 4-14　空調箱溫差控制範例

## ▪ 4.7.2　最佳預冷空調控制

　　本控制為解決冷房時，房間之溫度到達目標需一段時間，所以改良空調設備之預約控制，使空調之啟動時間參考預約控制啟動前的室溫，預測於預約控制啟動時達到目標溫度之時間，以此提早啟動空調，同時由於一天的開始啟動空調時，假定房間人數不多，所以於預冷時將外氣取入之設備暫時停機。

　　如下圖 4-14-1 為控制運算方法：

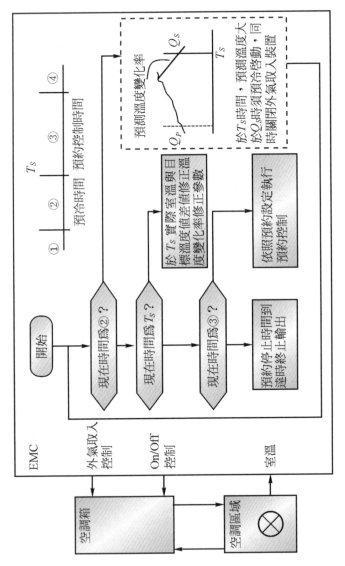

圖 4-14-1　最佳預冷空調控制方法

## ▪ 4.7.3　間歇運轉

本控制主要用於倉庫或地下停車場排氣扇做週期 On/Off 控制,如下圖 4-15,於一般設備項目設定間歇控制數據時,於設備 ON 時開始執行間歇控制輸出。

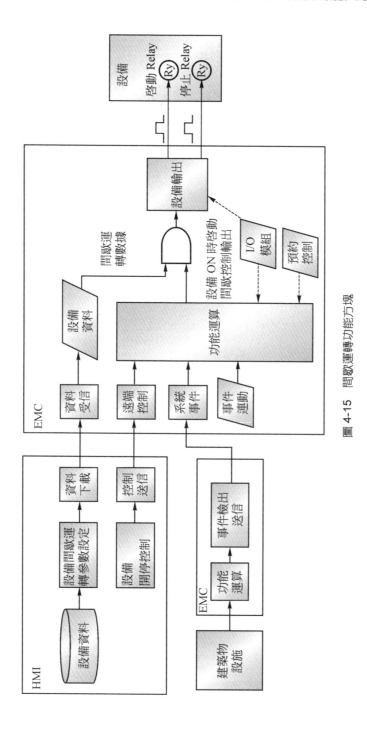

圖 4-15　間歇運轉功能方塊

# ▶ 4.8　能源管理功能

以下爲有關於能源管理及省能源之功能說明。

## ▪ 4.8.1　電力類別 Modbus 集合電表

本文說明於 BMS 之 Modbus 集合電表，集合電力電表爲使用 Modbus RTU 通信協定檢測內容超過 40 種以上數據，由於每個設備之 Class Item 資料容量限制它被歸類於電力類別下的三相電力數據模組與 R/S/T 各相電力數據模組。

1.　電力類別模組種類

　　如下表 CODE 1~5 爲一般 ADAM I/O 模組 Code 6~9 爲集合電表模組(參閱 tabPowerKind)。

表 4-15　電力類別模組 Kind code

| 編碼 | 模組名稱 | 摘要 |
|---|---|---|
| MOD_PWMATER_ALL (6) | 三相綜合數據 | |
| MOD_PWMATER_R (7) | R 相電力數據 | |
| MOD_PWMATER_S (8) | S 相電力數據 | |
| MOD_PWMATER_T (9) | T 相電力數據 | |

MOD_PWMATER_ALL 爲三相綜合數據項目 MOD_PWMATER_R ,S, T 爲各相電力數據；設備資料設計上建議如下圖 4-16 將相同的集合電表之上述四個分類編爲同一個號碼。

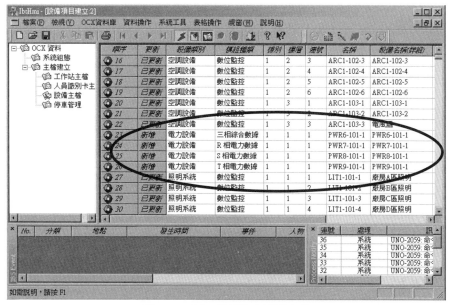

圖 4-16　同一設備集合電表定義

2.　事件碼

表 4-16　集合電表事件碼

| Code | Modbus 模組 | | |
|------|------|------|------|
| | 三相電力 | R/S/T 相電力 | |
| 0 | 合計電壓上限 | 電壓上限 | |
| 1 | 合計電壓下限 | 電壓下限 | |
| 2 | 合計電流上限 | 電流上限 | |
| 3 | 有效電力上限 | 有效電力上限 | |
| 4 | 無效電力上限 | 無效電力上限 | |
| 5 | 合計電力上限 | 電力上限 | |
| 6 | 功率因數上限 | 有效功率上限 | |
| 7 | 功率因數下限 | 有效功率下限 | |
| 8 | 頻率上限 | R-S 電壓值上限 | |
| 9 | 頻率下限 | R-S 電壓值下限 | |
| 10 | 瓦時上限 | S-T 電壓值上限 | |

表 4-16　集合電表事件碼(續)

| 11 | 無效瓦時上限 | S-T　電壓值下限 | |
|---|---|---|---|
| 12 | Demand Watt 上限 | T-R　電壓值上限 | |
| 13 | 接地電流上限 | T-R　電壓值下限 | |
| 14 | Relay Status | | |
| 15 | | | |

3.　Database Item

　　　　如下圖 4-17 分別為三相電力數據與單相電力數據 Modbus
數據設定介面。

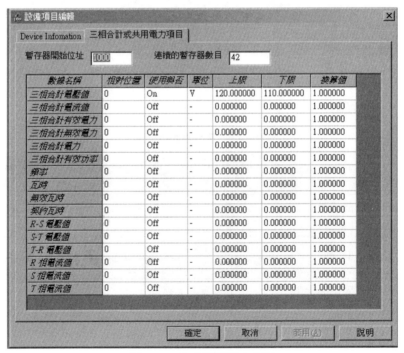

圖 4-17　集合電表設定介面

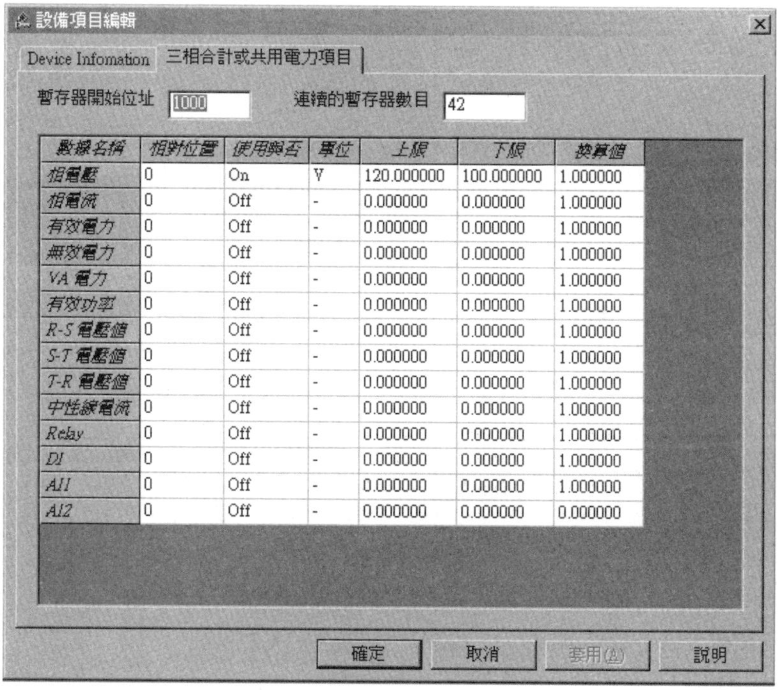


| 數據名稱 | 相對位置 | 使用與否 | 單位 | 上限 | 下限 | 換算値 |
|---|---|---|---|---|---|---|
| 相電壓 | 0 | On | V | 120.000000 | 100.000000 | 1.000000 |
| 相電流 | 0 | Off | - | 0.000000 | 0.000000 | 1.000000 |
| 有效電力 | 0 | Off | - | 0.000000 | 0.000000 | 1.000000 |
| 無效電力 | 0 | Off | - | 0.000000 | 0.000000 | 1.000000 |
| VA 電力 | 0 | Off | - | 0.000000 | 0.000000 | 1.000000 |
| 有效功率 | 0 | Off | - | 0.000000 | 0.000000 | 1.000000 |
| R-S 電壓値 | 0 | Off | - | 0.000000 | 0.000000 | 1.000000 |
| S-T 電壓値 | 0 | Off | - | 0.000000 | 0.000000 | 1.000000 |
| T-R 電壓値 | 0 | Off | - | 0.000000 | 0.000000 | 1.000000 |
| 中性線電流 | 0 | Off | - | 0.000000 | 0.000000 | 1.000000 |
| Relay | 0 | Off | - | 0.000000 | 0.000000 | 1.000000 |
| DI | 0 | Off | - | 0.000000 | 0.000000 | 1.000000 |
| AI1 | 0 | Off | - | 0.000000 | 0.000000 | 1.000000 |
| AI2 | 0 | Off | - | 0.000000 | 0.000000 | 0.000000 |

圖 4-17　集合電表設定介面(續)

## ■ 4.8.2　契約容量監控功能

本功能爲監視 EMC 所管理的電力設備於每 15 分或 30 分固定週期，預測總用電是否超過所定的契約容量，如預測超過容量則發出事件警報，如設定有自動卸載並啟動它，則將執行自動卸載。

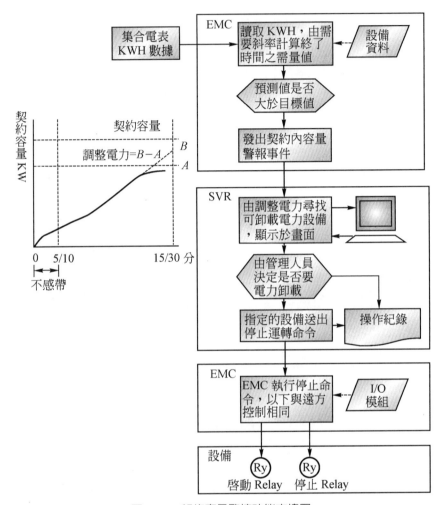

圖 4-18　契約容量監控功能方塊圖

## ▪ 4.8.3　WWE 控制

　　本控制的目的為以最佳的 WWE (Wire to water efficiency)控制 HVAC 冰水流量,即以 PID 控制決定最佳的台數進退機自動控制流程。

1.　計算式

　　基本公式　WWE (%) = (Q * H) / (53.08 * KW)

　　而　　　　Q 為冰水流量單位為 (gal/min);

　　　　　　　H 為供水高度,也就是水塔高度;

　　　　　　　KW 為 Pump 輸入電力;而　　H = P3 * K,

　　所以　　　WWE = (Q*P3*K) / (53.08 * KW)

　　　　如圖 4-19 所示,PID 控制 Pump speed 使供水末端之水壓差保持一定值。

2.　馬達選擇控制處理

　　　　本控制流程事前需預先設定如下圖4-19-1之最佳流量台數切換表(Flow Tab)之基本參數,控制流程設計為於流量切換點時變更運轉台數,以保持最佳的運轉效率,而於加機與退機流程中,考慮避免突然間的加減壓,於加機流程會降低 Pump 運轉速度作稍微減壓然後啟動加入機組,然後由 PID control 自動提昇速度值到末端壓力以達平衡,於退機流程會先提昇 Pump 運轉速度作稍微加壓,利用 Motor 慣性及 PID control 自動控制馬達速度到末端壓力以達平衡。

　　　　於 Motor 速度變化中加入加速度二次函數,使馬達以拋物線方式作加減速,以減少 Speed shock。

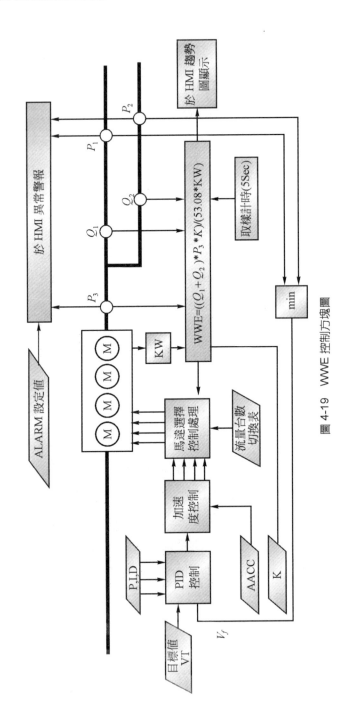

圖 4-19　WWE 控制方塊圖

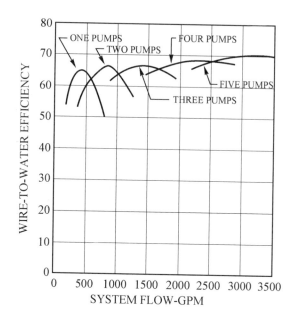

| 運轉<br>台數 | System<br>gal/min | System<br>Head, ft | Input<br>KW | W/W<br>efficency |
|---|---|---|---|---|
| 1 | 2475 | 28.3 | 34.6 | 38.13771 |
| 2 | 2475 | 28.3 | 30.7 | 42.98527 |
| 2 | 3960 | 42.7 | 62.6 | 50.88828 |
| 3 | 3960 | 42.7 | 62.4 | 51.05139 |
| 3 | 4950 | 55.4 | 91.7 | 56.33972 |
| 3 | 7425 | 97 | 211 | 64.30649 |
| 4 | 7425 | 97 | 210 | 64.61271 |
| 4 | 9900 | 152 | 404 | 70.17243 |

圖 4-19-1　最佳流量台數切換表

(1) 控制流程

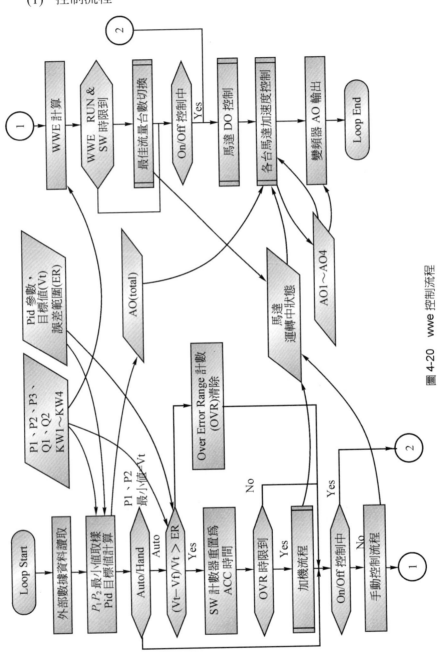

圖 4-20 wwe 控制流程

## ▪ 4.8.4　線性數據趨勢圖顯示

系統 AI 偵測及集合電表設備等線性數據，由工作站固定週期取樣，匯集到主機紀錄，依照管理者操作可指定最多八個數據以不同顏色顯示時間與數據變化。

如圖 4-21 所示爲 BMS 趨勢圖之動作方塊圖。

而圖 4-21 中之動作程序爲：

(1) EMC 以最少每 5 秒一次將線性設備之平均數據資料先存於 Cash buffer，然後向主機傳送，如果主機不存在或無法通信，則將在主機或通信復原後將未送信的資料整批傳送，EMC Cash buffer 可以存 720 筆資料，因此有 10 小時的資料容量。

(2) 主機以管理設定的紀錄週期將收到的資料存於 Cash buffer，超出 720 筆以上的資料則將最早期的資料存於檔案，而紀錄週期可以設定爲 10 秒、15 秒、30 秒、1 分、5 分、15 分、30 分及 1 小時。

(3) 主機於紀錄的同時以每天爲單位檢查最大值最小值與計算平均值，於每天指定的時間存檔，並匯出到 ODBC 資料庫，以作爲管理報表。

(4) 趨勢圖顯示視窗，各曲線可指定其顯示比例，以錯開曲線方便閱讀，時間軸可以調整顯示的時間範圍，並依照滑鼠位置顯示曲線的數值。

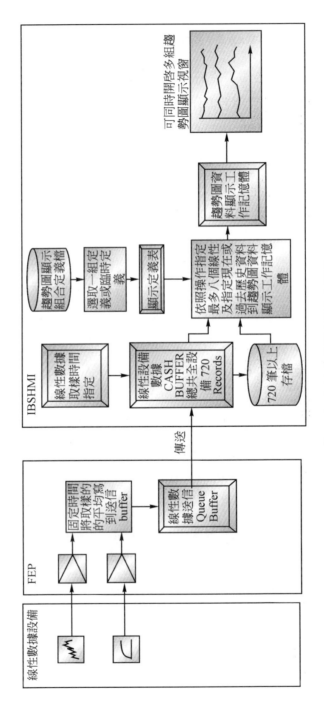

圖 4-21　BMS 趨勢圖之動作方塊圖

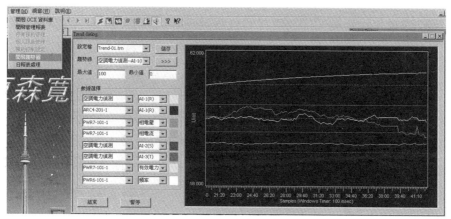

圖 4-22　趨勢圖操作與顯示視窗

## ▶ 4.9　門禁管理

　　本系統整合門禁管理與設備管理，當人員出入門禁管制點於身分辨識後，除了可以開關門以外，並可與管理下的任何設備做連動控制，本功能有以下的特點

- 每台 EMC 可登錄 2000 人 (超出 2000 人為 Option) 識別卡及生理辨識特徵。

- 每台 EMC 可管理 32 個房間或區域，每一個管理單元稱為 IDC (Identify Detect Controller)。

- 每台 IDC 可登錄 200 群組，可管理 2000 人以上人員出入，每個群組可個別設定三種日別，每種日別每天三時段之進出管理。

- 以上的管理資料全部由中控主機登錄管理及維護，然後自動分配下載到各 EMC 與 IDC，所以於卡片管理以及生理特徵資料登錄管理非常的方便。

● 人員是以組織架構及所在的位置做編排,而且人員資料庫與 ODBC 資料庫連結,所以可以非常容易的與業主之 OA 系統連結。

● 身分辨識方法可選擇非接觸 ID 卡、指紋辨識或臉型辨識。

● 身分辨識自動解除警備並與設備做連動控制,警備之設定與解除可與電梯連動作 Floor Lockout 解除與設定。

● 可設定連結的攝影機,於人員出入自動顯示影像及錄影存檔。

● 警備之設定有

　(1) 於進出雙方 ID 讀取辨識進出管理模式;於房間無人時自動進入警備。

　(2) 以數字密碼或開關 On/Off 配合 ID 讀取辨識設定警備。

● 提供動線及防止一卡多用功能。

● 人員進出資料由 IDC 發出訊息;與其他 IDC 作進出 Interlock;防止 ID Card 惡用;及由 EMC 及 HMI 作進出歷史資料查存。

● 系統當機時 IDC 可保持 2160 筆(約三天)進出資料,系統復原時可以續傳。

● 附加功能有上下班打卡及警衛巡邏、脅迫發報密碼、語音導覽功能。

# ▪ 4.9.1　門禁基本規格

● 管理單位　　　　　以門(房間或區域)為單位,管理密閉的房間或區域之出入。

● 進出管理　　　　　需作進出管理之出入門必須裝設 ID Reader,同一個房間或區域可以由同一個門

或兩個門以上進出管理，於兩個門以上進出
管理之場合，各進出門之 ID Reader 必須作
Interlock Process。

● ID Reader I/F　　　以 RS-232C ASCII Command 作 I/F 由 IDC 主
動定期詢問 ID Reader 之讀取狀態，取得 ID
Card Number 處理身分識別。

● ID Reader 種類　　ID Reader 可適用磁卡、感應卡、IC card 以
及各種如(指紋、手掌)辨識裝置。

● ID Reader 裝設　　可以內外裝設或外部裝設兩種。

● 進出 ID Check　　依照 Function Option 有：

(1) 警備解除與設定時 Check ID。

(2) 每次進入時 Check，外出時不 Check。

(3) 進出都必須 Check。

● Personal ID Get　　ID Reader 讀取之 ID Number 為 ID Card
Number 時，IDC 必須以 ID Card Number 與
Personal ID number 對照表，轉為 Personal ID
number 作處理；而 ID Card Number 與
Personal ID number 對照表容量最少 2000 人。

● ID Check 內容　　依照 Function Option 分為 Summary check 及
Detail Check。

● Summary check　　由 Personal ID 之部門碼可以作 3 Level 之
Summary check。

● 時段管制　　　　　依照 Function Flag，檢查進出時段，時段分為平日假日及臨時等三種時段，而臨時時段只保留 24 小時。

● Password Check　　依照 Function Flag，Check In 時可做 password check。

● Password Set　　　User 可以自己於 IDC 修改及設定密碼，密碼設定完了可自動 Up Load 到 HMI Master File，再由 HMI 同步修改相關 IDC 之 Password。

● 一卡多用防止　　　依照 Function Flag，於進出 Check 之場合，如指定有 Parent IDC Node，所有相同 Parent IDC Node 不接受同一張卡片進出。

● 動線管理　　　　　依照 Function Flag，如指定有 Parent IDC Node 之 IDC，不接受未經過 Parent IDC 讀卡確認之卡片進入房間。

● 人數計算　　　　　依照 Function Option，於進出 Check 之場合，可以計算 Check In/Out 人數，當室內人數為零時可自動進入警備。

## ▪ 4.9.2　警備基本規格

● 房間警備設定　　　有下面三種方法：

(1) 於人數自動計數之場合，當室內人數為零時可自動進入警備。

(2) 附數字密碼機之場合，身分識別輸入特定密碼時進入警備。

(3) 無數字密碼機之場合將警備中開關 ON，然後身分識別時進入警備。

● 警備監視　　　　　當進入警備時，檢查侵入迴路，如侵入迴路異常時於讀卡機 LED 顯示侵入迴路異常以及讀卡機 Buzzer Alarm；如迴路一切正常可設定一段時間後進入警備監視，同時發出警備監視事件。

● 入侵事件發佈　　　依照 Function Flag，於警備監視中可發出入侵事件。

● 攝影機入侵連動　　當發生入侵事件時，動作 DO 作攝影機入侵連動。

● 公共區警備　　　　同一樓或某區域有一個以上 IDC，可取當中一個 IDC 或專用公共區監視模組，為公共區警備，負責公共區警備監視。

● 公共區警備設定　　當 IDC 進入警備監視發出警備監視事件通知同樓(區)公共區警備監視模組；當最後一個 IDC 設定警備時，發出訊息通知公共區監視模組檢查侵入迴路，如侵入迴路異常時，公共區警備監視模組通知 IDC，於讀卡機 LED 顯示公共區侵入迴路異常以及讀卡機 Buzzer Alarm；如迴路一切正常可設定一段時間後進入公共區警備監視。

- 解除警備
  (1) 當主出入口 IDC Check In Ok 時由內部的 Data Base 解除公共區警備，及送出 Event 解除電梯 Floor Lockout 以及開啓公共區照明。
  (2) 各房間 IDC Check In Ok 時解除警備及送出 Event。
- 警備連動　　當警備連動有 Check In Ok 的時候。
  (1) IDC 進入警備或解除警備時，發出訊息由 BAS 之 LCP 及或 LCS 之 LCM 執行<u>**照明連動控制**</u>及電力設備 On/Off 控制。
  (2) 當公共區進入警備或解除警備時，發出訊息由 BAS 之 LCP 執行或 LCS 之 LCM 執行公共區照明連動控制及電力設備 On/Off 控制及電梯 Floor lockout 設定或解除。

## 4.9.3　附加功能

- 語音合成 I/F　提供 4 個輸出接點作爲語音合成 Interface，作爲操作引導，語音內容如下：

表 4-17　語音合成操作引導語音內容

| Code | 語音內容 | 狀況 |
|---|---|---|
| 1 | 請輸入密碼 | 讀卡後 |
| 2 | 警備迴路異常 | 警備設定時 |
| 3 | 公共區警備迴路異常 | 區內最後 IDC 設定警備時 |
| 4 | 警備設定完成請迅速離開 | 警備設定 OK |
| 5 | 卡片無法讀取或卡片不合 | 讀卡時 |
| 6 | 卡片未登錄拒絕操作 | 讀卡後 |
| 7 | 許可時間外拒絕進房 | ID 與 Password Check OK 後 |
| 8 | 密碼錯誤請再輸入 | 輸入密碼時 |
| 9 | 密碼連續三次錯誤，卡片被取消 | 輸入密碼時 |
| 10 | 進入許可(離房時請務必再刷卡) | 進入 OK 時 |
| 11 | 進入房間程序不合，拒絕操作 | 讀卡後 |

## ▪ 4.9.4　IDC H/W 與外部器具接線

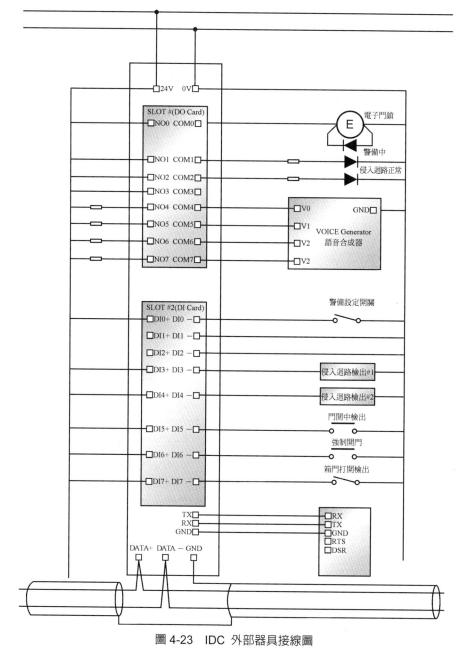

圖 4-23　IDC 外部器具接線圖

## ▪ 4.9.5  身分辨識原理

　　理論上一個私人或某個組織專有的房間或區域人數不會多於 200 人，一個公共出入區域也不需要對每一個人做進出管理，所以對於不同的出入口，只需對人員特定的群組做管理，即可達到門禁管理的需求。

　　於本系統 EMC 只存 200 組群組門禁管理資料，每組群組之合法編號可對人員編號做摘要檢查(Summary Check)，所謂摘要檢查是利用系統人員編號方法(參閱 4.3 編號體制)例如：

　　如時段之群組為如下表之檢查設定，內容為 0 之 Section 將被忽視，所以如 ID1~ID4 人員刷卡時，只有 ID1 與 ID2 被接受，其他則不被接受。

表 4-18　Summary Check

| Section | Potion (1~31) | Building (0~7) | Floor (0~127) | Serial (1~255) | Access code (0~15) | Family code (0~15) | 檢查 |
|---------|---------------|----------------|---------------|----------------|--------------------|--------------------|------|
| 檢查設定 | 0 | 1 | 12 | 0 | 系統保留 | 0 | |
| ID 1 | 1 | 1 | 12 | 123 | | 1 | OK |
| ID 2 | 2 | 1 | 12 | 135 | | 2 | OK |
| ID 3 | 1 | 1 | 13 | 111 | | 1 | NG |
| ID 4 | 3 | 2 | 12 | 222 | | 4 | NG |

　　而個人識別檢查流程如下圖 4-24。

## ▪ 4.9.6  門禁管制處理

　　下圖 4-25 為 IDC 身分辨識門禁管理與事件發佈及事件連動處理和組態資料運用關係概要。

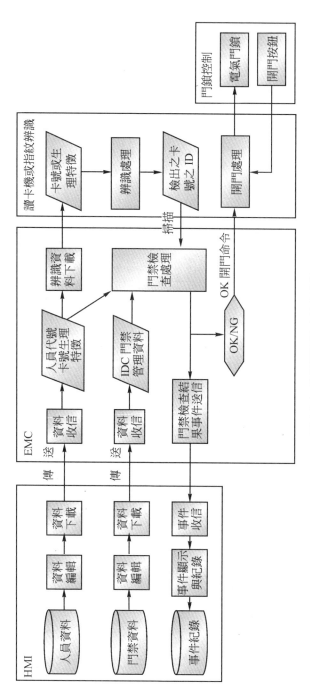

圖 4-24　門禁識別檢查基本流程

中央監控-建築物管理系統

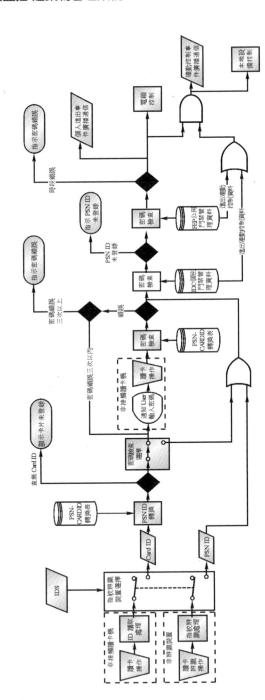

圖 4-25　IDC 門禁管理處理概要

備註：
(1) 指定只作密碼檢查 IDC 因密碼可能會重複所以無法確實檢查出個人身分，連帶無法送出個人進出事件，也無法作電器設備連動控制
(2) IC Card Reader 及 Tape Card Reader 並可以直接將 PSNID 寫入 Card 所以理論上可直接 CardID 轉換 PSNID
(3) 直交辨識器裝置，因需存放指紋 Pattern 及密碼，所以本系統使用之 PSNID 格式資料可以存於指紋辨識器資料庫，身分辨識後可直接將 PSNID 交給 IDC 處理

4-60

## ▪ 4.9.7 動線管理

對於重要的管制場所，本系統提供動線檢查功能，如下圖 4-26 依照進出動線，分為三個 level；各 Level IDC 設有區域代號及上下動線關係之 IDC 管理編號，人員進出任何區域必須依照 Level 遞增或遞減，否則將不接受識別開門並向系統發出非法動線事件。

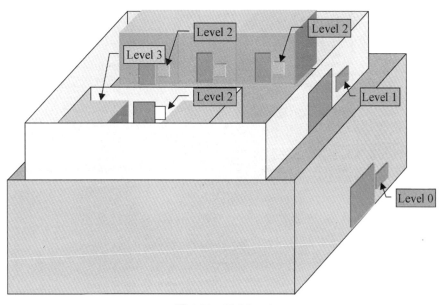

圖 4-26 IDC level

## ▪ 4.9.8 設定

每一個執行門禁管理之 IDC 需要設定下列四個資料：

1. IDC 基本設定。
2. 人員代號及卡號資料。
3. 群組門禁管理資料。
4. 個別門禁管理資料。

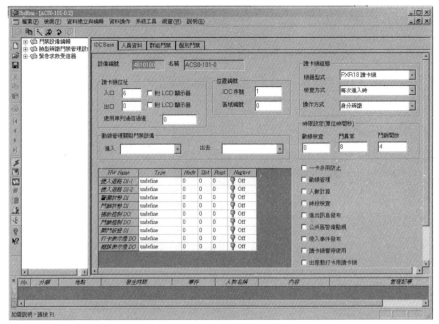

圖 4-26-1

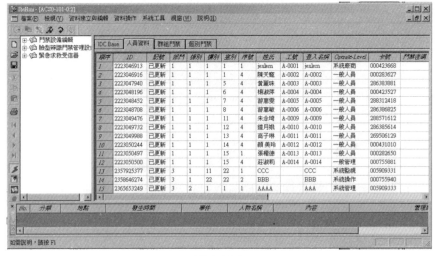

圖 4-26-2

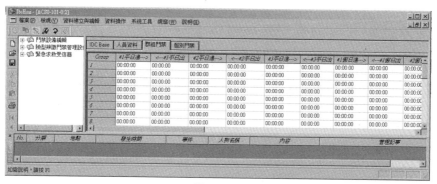

圖 4-26-3

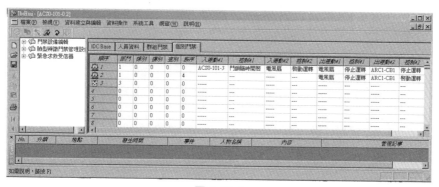

圖 4-26-4

# ▶ 4.10　金盾居家守護

　　家是一個甜蜜的窩，更是每個人所需要的安全堡壘，由於社會變遷
帶來社會治安之問題，例如小家庭夫妻需要同時出門上班，家中無人時
之安全守衛、安養社區獨居老人妥善照顧、居家周圍環境治安死角之人
身守護等等問題，是現代人們迫切需要找出一套有效的解決辦法。

　　本設備為針對居家，提出的安全守護的辦法：

　　由於 BMS 為全方位的建築物整合管理系統，不只適用於商業或工廠建築物，也可適用於集合住宅之整合管理，透過本設備功能可以將安全與自動化伸展到家庭，下圖 4-27 為 BMS 金盾居家守護系統：

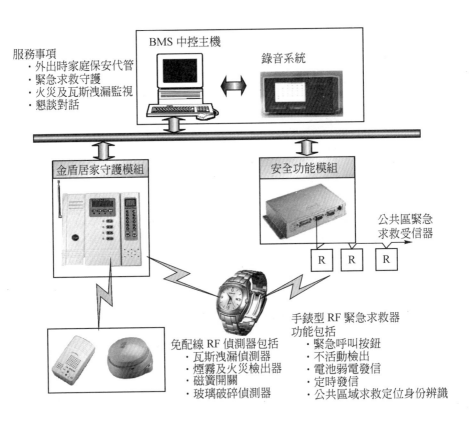

圖 4-27　BMS 金盾居家守護

## ▪ 4.10.1　動作原理

1. 於家中設置金盾居家守護模組，本模組設有 RF 受信器可接受本系統任何 RF 發信器。

2. 於家中設置瓦斯洩漏偵測、煙霧偵測火災檢出、門窗感測器、玻璃破碎偵測等 RF 發信器，當發現異常時可透過金盾居家守護模組將訊息傳到中控主機，於中控主機畫面顯示狀況並做緊急處理。

3. 於安全功能模組以 RS-485 佈置公共區緊急求救受信器。

4. 手錶型 RF 緊急求救器具有緊急呼叫、不活動檢出發信、電池弱電發信、定時發信等功能，可以在任何地方透過金盾居家守護模組或公共區緊急求救受信器將事件訊息通知中控主機，於中控主機畫面顯示身份、狀況及求救地點並做緊急處理。

## ▪ 4.10.2　功能

1. 全天候監視手錶型 RF 緊急求救器。發生事件時，顯示人員資料、發信地點、事件等資料，由中控室守護人員緊急處理。

2. 可設定外出時安全守衛代管，如發生緊急狀況時於中控主機顯示時間、地點、事件及管理訊息等內容，由中控室守護人員緊急處理。

3. 求救時中控主機畫面，不論平面或大樓，均能正確顯示何人在何地求救。

4. 所有的緊急事件都可做紀錄作為事後追蹤。

5. 所有的緊急事件都可依照系統設定與攝影機與設備做連動控制。

6. 金盾居家守護模組可透過專線與政府治安單位做警民聯防。

# ▶ 4.11　照明控制(LCM )

LCM 為 Lighting Control Module 簡寫，是將照明燈具與照明開關以 DO/DI 模組作為介面，利用 EMC 內軟體之開關與燈具之組態對應表 (Data Mapping)建立兩者控制關係而達到

(1) 可於人機介面自由設定開關對應的燈具控制機能。

(2) 可做細膩的燈具群組區域控制。

(3) 可設定整合自動化管理功能。

## ▪ 4.11.1 目的

由於建物的使用，於日後因為空間使用的變更機會很大，於照明，需要重新配置開關與燈具間之控制關係，但由於傳統之照明受限於實際的控制線路配置，一旦完工使用，很難再做迴路變更，而本照明系統為解決傳統照明系統問題並增加下面的附加價值而設。

(1) 內建彈性空間開關組態設定與控制、日光節約照明控制、停電照明自動控制、BAS/ACS 連動控制。

(2) 增加開關及燈具容易。

(3) 配線容易、BAS 連動控制 I/F 不需額外的 Relay 迴路，工程成本降低可抵消部分的自動化成本。

## ▪ 4.11.2　彈性空間照明控制原理

　　將傳統之燈具與控制開關間之配線，以串聯通信之 DO/DI 模組連接成圖 4-29 照明迴路，而於 EMC 之軟體控制設定，如表 4-21 照明控制組態表最多可將 256 組燈具，依照使用需求，將平面空間如圖 4-28 所示劃分為 Block/Area/Group/Unit 等單位，再依照燈具開關之部署，如表 4-20 照明開關組態表，最多可設定將 64 組照明開關對應前述之燈具控制單位。

　　當使用者操作開關控制時，EMC 依照開關所對應的燈具控制單位，控制該控制單位內的實際燈具之 ON/OFF，由於人機介面提供方便的燈具與開關部署之組態設定表，所以當平面空間變更時，可以重新設定開關控制範圍，而達到彈性空間照明控制之目的。

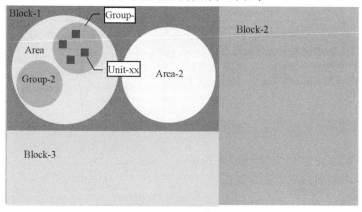

圖 4-28　彈性空間照明區域劃分

### ▪ 4.11.3   迴路構成

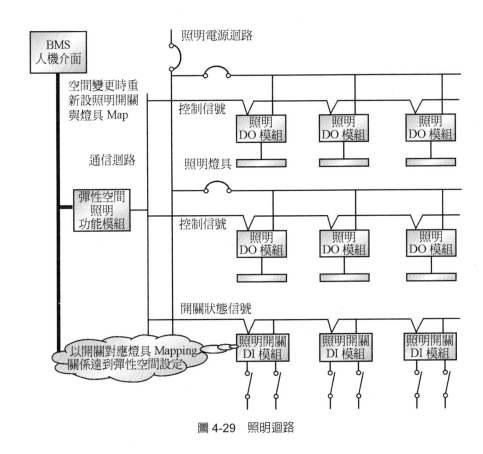

圖 4-29   照明迴路

### ▪ 4.11.4   功能

(1)  於 HMI 線上設定照明系統開關與燈具控制組態設定。

(2)  與一般設備管理同樣具有事件連動控制及預約控制之功能。

(3)  有兩組日光節約組態,每組可獨立控制。

(4) 可由 HMI 暫時抑制各組日光節約控制。

(5) 於停電時可強制將指定的燈具 ON，及將其他的燈具強制 OFF。

(6) 於 HMI 依照圖控畫面之指定可顯示全體邏輯開關及各燈具開關之 On/Off 狀態。

(7) 監視 LCM 於 LCM 異常時顯示 alarm message。

(8) 可與 IDC(ID Controller)連動控制，由 IDC 依照卡片上預設之開燈指令，驅動照明點燈。

　　各 Device Station 功能如表 4-19 所示。

表 4-19　Device Station 之功能

| 設備 | No. | 功能 | 概要 |
|---|---|---|---|
| HMI | 1 | 狀態監視 | 於 HMI 依照圖控畫面之指定全體邏輯開關及各燈具開關編號，指示 BMS 傳送最新狀態，並顯示指定邏輯開關及各燈具開關之 On/Off 狀態。 |
| | 2 | 組態設定 | 於 HMI 設定照明系統組態表包括開關區域設定，燈具控制設定包括停電照明設定、日光照明節約設定、邏輯開關設定;設定完畢向全體照明系統 BMS 送信。 |
| | 3 | 連動控制設定 | 依照設備管理，於 HMI 設定事件連動控制，以 broadcast 向 BMS 送信 |
| | 4 | 預約控制設定 | 依照設備管理，於 HMI 設定預約控制，以 broadcast 向 BMS 送信 |
| | 5 | 日光節約控制抑制 | 於 HMI 暫時將指定的 LCM 之日光節約控制暫時解除。 |

表 4-19 Device Station 之功能(續)

| | | | |
|---|---|---|---|
| | 6 | LCM 異常 alarm | BMS 監視 LCM 之狀態如發生異常時顯示 alarm message。 |
| | 7 | 圖控 On/Off 控制 | 圖控操作邏輯開關控制區域燈具 On/Off。 |
| | 8 | 狀態資料傳送 | 由 WS 現在顯示之圖面 ID,自動將指定的管理點狀態送給 WS |
| | 9 | 狀態資料受信 | LCM 最新資料受信,寫到 Image buffer |
| | 10 | 組態資料更新 | WS 變更組態設定時,收取資料更新 BMS 組態資料,並將資料轉送到各 LCM |
| | 11 | 控制信號處理 | 讀取 WS 及 BAS/ACS 等 BMS 之控制信號,轉送到各 LCM |
| LCM | 12 | 組態資料更新 | 收取 BMS 組態更新資料並寫入 SSD |
| | 13 | 狀態資料送信 | 將目前的開關狀態及燈具 On/Off 狀態送給 BMS |
| | 14 | 開關狀態讀取 | 讀取開關狀態依照開關組態表,寫入 Block/Area/Group/Unit Switches Buffer |
| | 15 | 燈具控制 | 依照燈具組態表、自動控制信號及 Switches Buffer 狀態作邏輯運算,更新燈具狀態 Buffer 狀態及 DO 輸出。 |

## ▪ 4.11.5 組態設定

組態設定是由照明開關組態表及照明控制組態表構成於 HMI 上設定後下載。

(1) 照明開關組態表

於 LCM 將每個開關的 DI Node no、Bit No.以及控制範圍及處理方法作如下表 4-20 定義,Max.64 Row。

表 4-20　照明開關組態表

| Switch<br>No | Node<br>No. | Bit<br>No. | 控制範圍 | | 處理<br>方法 |
|:---:|:---:|:---:|:---:|:---:|:---:|
| | | | 屬性 | 編號 | |
| 1 | 1 | 0 | B | 01 | |
| 2 | 1 | 1 | A | 01 | |
| 3 | 1 | 2 | G | 01 | |
| 4 | 1 | 3 | G | 02 | |
| 5 | 1 | 4 | U | 01 | |
| 6 | 1 | 5 | U | 02 | |
| 7 | 1 | 6 | U | 03 | |
| 8 | 1 | 7 | U | 04 | |
| 9 | 2 | 0 | U | 05 | |
| 10 | 2 | 1 | U | 06 | X |
| 11 | 2 | 2 | U | 06 | X |
| 12 | 2 | 3 | A | 02 | |
| 13 | 2 | 4 | B | 02 | |
| 63 | | | | | |
| 64 | | | | | |

(2)　Item 內容指定

　　　各開關 Item 內容指定要領如下

①　本表以一個照明 LCM 為單位，開關數最大 64 個，灰色部分由 SI 設定，白色部分由 User 設定。

②　Node No 為 DI Node 之 Address，由 01-32 間指定，指定 0 時表示本表結束。

③ Bit No 由 0 開始指定。

④ 控制範圍屬性為 ASCII 字元，使用字元及意義如下：

B: Block          A: Area          G: Group          U: Unit

⑤ 控制範圍編號指定為 01 到 64 間，00 則表示本列(含)以下未使用。

⑥ 處理方法為 ASCII 字元，使用字元及意義為：

A: AND 演算          O: OR 演算          X: XOR 演算

⑦ 當指定處理方法時，可將兩個以上之開關使用共同之範圍指定號碼(範圍屬性及編號)，而未指定演算之開關其範圍指定號碼必須為唯一。

(3) Configuration & Download

表 4-21　照明控制組態表

| 燈具連號 | 位址指定 | | 開關指定 | | | | 功能指定 | | | | | | |
|---|---|---|---|---|---|---|---|---|---|---|---|---|---|
| | Node No. | Bit No. | Block No | Area No | GRP No | Unit No | 日光節約 | | | 停電照明 | BAS 連動 | ACS 連動 |
| | | | | | | | 1 | 2 | 3 | | | |
| 1 | 9 | 0 | 01 | 01 | 01 | 01 | | | | | | 7,1,3 |
| 2 | 9 | 1 | 01 | 01 | 01 | | | | | | | |
| 3 | 9 | 2 | 01 | 01 | 01 | | | | | | | |
| 4 | 9 | 3 | 01 | 01 | 01 | | | | | | | |
| 5 | 9 | 4 | 01 | 01 | 01 | | | | | | | |
| 6 | 9 | 5 | 01 | 01 | 01 | | | | | | | |
| 7 | 9 | 6 | 01 | 01 | 01 | | | | | | | |
| 8 | 9 | 7 | 01 | 01 | 01 | | | | | | | |
| 9 | 10 | 0 | 01 | 01 | 02 | 02 | | | | | | |
| 10 | 10 | 1 | 01 | 01 | 02 | 03 | | | | | | |
| 11 | 10 | 2 | 01 | 01 | 02 | | | | | | | |
| 12 | 10 | 3 | 01 | 01 | 02 | | | | | | | |
| 13 | 10 | 4 | 01 | 01 | 02 | | | | | | | |
| 14 | 10 | 5 | 01 | 01 | 02 | | | | | | | |
| 15 | 10 | 6 | 01 | 01 | 02 | | | | | | | |
| 16 | 10 | 7 | 01 | 01 | | 04 | | | | | | |
| 17 | 11 | 0 | 01 | 01 | | 05 | | | | | | |
| 18 | 11 | 1 | 01 | | | | | | | | | |
| 19 | 11 | 2 | | | | | | | | | | |
| 99 | | | 01 | | | 30 | | | | | | |
| 256 | | | | | | | | | | | | |

本表 4-21 指定方法如下：

① 本表以一個照明 LCM 為單位，燈具數最大 256 個，灰色部分由 SI 設定，白色部分由 User 設定。

② Node No 為 DO Node 之 Address，由 01-32 間指定，指定 0 時表示本表結束。

③ Bit No 由 0～16 之間指定。

④ Block/Area/Group/Unit 指定對應開關控制之開關碼，未指定者該項開關視為恆 ON 狀態。

⑤ 日光節約#1/#2/#3 為功能選項 Flag，指定 TRUE/FALSE，指定 TRUE 時當 BMS 送出照明節約指令時執行照明節約管制。

⑥ 停電照明為功能選項 Flag，指定 TRUE/FALSE，當 BMS 送出停電照明指令時指定 TRUE 之燈具強制 ON 其他者為 OFF。

⑦ BAS 連動控制指定 LCM 格式設備信號管理編號，當 BMS 送出 BAS 連動控制信號時，被指定到的設備信號管理編號之燈具作連動控制。

## ▪ 4.11.6 照明控制邏輯演算

如下圖 4-30 為 EMC 照明控制之邏輯運算等效圖，如表 4-20 照明開關組態表之設定做區域分割與開關對應，其軟體控制等效圖如下，內部提供：現場開關與燈具控制組態運算、門禁管制聯動控制運算及中央監控與整合自動化功能運算，所有的運算最終結果去控制實際的燈具。

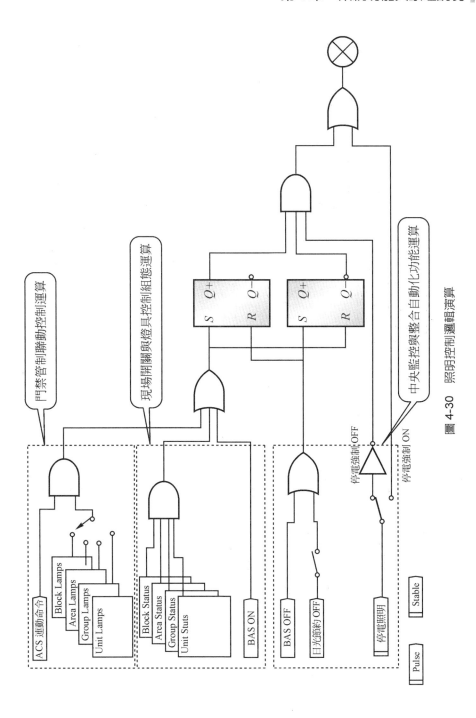

圖 4-30　照明控制邏輯演算

運算原理如下說明：

① LCM 收到 BMS 自動控制信號時啓動或停止該自動控制功能。

② BMS 自動控制信號格式爲自動控制信號管理碼 On/Off Data。

③ 兩種以上自動控制信號同時控制時，停電控制具有絕對的優先權，其他的控制包括邏輯開關控制以後來優先作爲燈具 ON/OFF 運算條件。

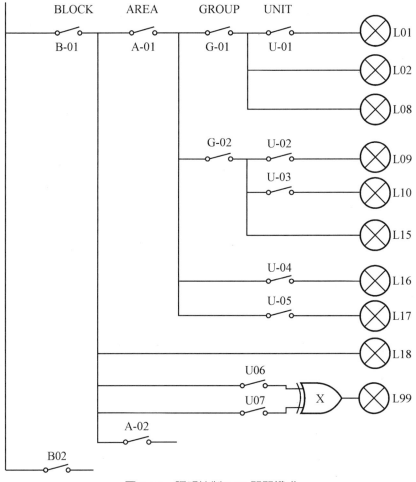

圖 4-31　照明控制 S/W 開關構成

# ▶ 4.12　自動控制基本規則

## ▪ 4.12.1　控制功能優先順位

系統各種控制功能優先順序如下表：

| 控制功能 | 順位 | 備註 |
|---|---|---|
| 個別圖控操作控制 | 4 | |
| 群組圖控操作控制 | 4 | |
| 預約控制 | 4 | |
| 事件控制 | 4 | |
| 警備連動 | 4 | |
| 契約容量控制 | 3 | |
| 最佳冷熱控制 | 4 | |
| 火災時空調停止控制 | 2 | |
| 功率因數改善控制 | 4 | |

## ▪ 4.12.2　基本控制規則

(1)　優先順位高之控制可以蓋過低優先順位的控制。

(2)　如下圖 4-32：同一設備多功能控制(複合控制)除個別功能規範書有特別規定以外，於同順位之控制以最後控制為準，如：

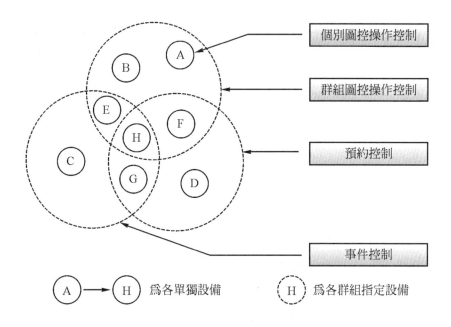

圖 4-32　複合控制

● 設備 A 之個別控制與其同群組之群組控制，以最後的控制為準。

● 設備 B、C、D 無重複控制，因此依照其專屬功能控制。

● 設備 E、F、G 有兩個重複功能，個別以最後功能為準。

● 設備 H 有三個重複功能，以最後功能操作為準。

Chapter **5**

# 硬體與器具

Building Intergration
Management

　　本章介紹 BMS 所使用的硬體器具功能與規格以及在 BMS 使用的方法。

# ▶ 5.1　UNO-2059

　　於 3.3.2 介紹的功能模組(EMC)，使用研華科技所生產嵌入式作業系統小型工業電腦，內部無任何旋轉機械，包括散熱風扇、硬碟等，所以可保證長壽命、高可靠性，以及具有 WDT 迴路，於程式暴走或通信當機時，可以自動重新啟動，確保系統正常運轉，此外具有網路介面及 4 個 RS-485 UART 通信介面，可說是經濟實用且高功能之機器。

## ■ 5.1.1　規格

1.　外觀

2. 硬體規格

  **(1)　CPU**： 　　NS Geode GX1-300 MHz

  **(2)　Chipset**： NS CS5530A

  **(3)　BIOS**： 　AWARD 256 KB FLASH BIOS

  **(4)　RAM**： 　64 MB SDRAM on board

  **(5)　VGA**： 　　Supports VGA and VESA-Display memory：

    ① 1 ~4 MB share memory set in BIOS

    ② CRT display mode：Non

    ③ interlaced CRT monitors resolutions up to1280 x 1024 @256 colors or 1024 x 768 @16 bpp

  **(6)　Serial Port**：Four RS-232/485 ports Controller：

    ① Oxford OX16PCI954 UARTs with 128 bytes FIFOs

    ② IRQ：All ports use the same IRQ assigned by BIOS Space reserved for termination resistors Automatic RS-485 data flow control

    ③ RS-485 surge protection up to 2，000 V DC

    ④ Data bits：5，6，7，8

    ⑤ Stop bits：1，1.5，2

    ⑥ Parity：none，even，odd

    ⑦ RS-232 speed：50~230.4Kbps

    ⑧ RS-485 speed：50~921.6Kbps

    ⑨ RS-232 data ignals：TxD， RxD， RTS， CTS， DTR， DSR， DCD， RI， GND

## ▪ 5.1.2　使用

　　UNO-2059 作業系統可設定開機自動執行，所以電源啟動時可自動執行功能模組程式，由於使用 Ethernet 迴路，所以必須設定 UNO-2059 之網路，於 BMS 建議將 UNO-2059 之網路設定固定 IP，這是由於如使用 DHCP，於開機自動執行程式時尚未取得 IP 位址時，無法執行 EMC 功能模組程式。

　　UNO-2059 提供四個串序通信介面，由於本系統使用 RS-485 通信介面，所以必須將 UNO-2059 內部的 Jump pin 調為 RS-485，由未提供絕緣型 RS-485 通信介面所以如需高壓絕緣之場合必須使用絕緣型 RS-485。

## ▶ 5.2　RS-485 串序通信介面

　　如下圖 5-1，RS-485 為使用雙絞線通信，具有良好的信號雜訊比，通信距離長，並且可做 Multi-drop 配線，作成多點傳送，所以 EMC 透過 RS-485 串序通信介面與系統之 I/O 模組作資料通信。

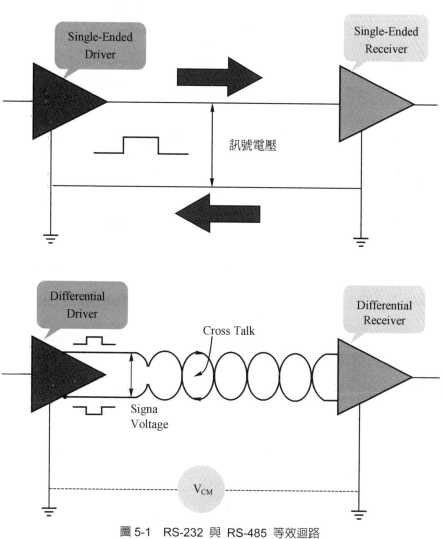

圖 5-1 RS-232 與 RS-485 等效迴路

如下表 5-1 為各種串序通信介面比較表：

表 5-1　串序通信介面比較表

| 標準 | RS-232-C | RS-422 | RS-485 |
|---|---|---|---|
| 操作方式 | 單端輸入 | 差動式 | 差動式 |
| 載動數目 | 1 組 | 1 組 | 32 組 |
| 接收數目 | 1 組 | 10 組 | 32 組 |
| 範圍 | 15 公尺 | 1200 公尺 | 1200 公尺 |
| 最大資料傳輸率 | 19200 bps | 10 Mbps | 10 Mbps |
| 傳輸模式 | 全雙工點對點 | 全雙工點對點 | 半雙工 Multi-drop |

## ▪ 5.2.1　配線方式

如下圖為 EMC 與 I/O 模組配線方法，注意 RS-485 雙絞線配線必須以 Bus 方式與 I/O 模組逐點配線，而且雙絞線兩端必須以 100~150 歐姆電阻作為終端電阻，否則會降低信號雜訊比。

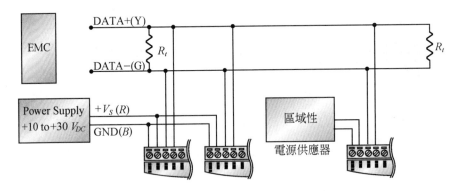

## ▪ 5.2.2　配線距離與延伸配線

RS-485 最大通信距離為 1000 公尺以及 Fan Out 最大 32 模組，如超過則必須加入延伸放大器(Repeater)。

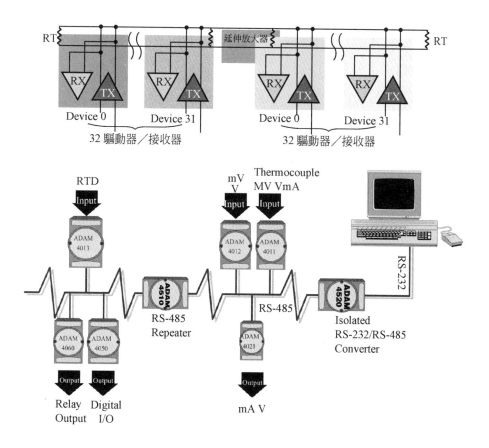

## ▶ 5.3  ADAM4000/5000

　　ADAM 4000 與 5000 系列產品為研華科技所生產使用作為電腦與
設備間之資料收集與控制輸出之介面，廣泛的使用於各種自動化系統；
也是本系統與建築物設備銜接的通用的介面(也就是前章所指的I/O模組
中的一種)。

　　ADAM4000 為模組型而 ADAM5000 為插槽型之工業用資料存取介
面，提供 DI (Digital Input) DO (Digital Output) AI (Analog Input) AO

(Analog Output) 及 PI (Pulse count Input)，利用通信介面作遠距離設備監視與控制。

本節介紹最經常使用的模組型號及使用方法。

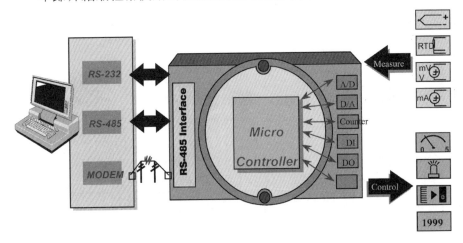

## ▪ 5.3.1 ADAM-4520 隔離式 RS-232 對 RS-485 轉換器

本模組提供將 RS-232 轉換成 RS-485 通信介面，當機器只有 RS-232 介面時，可使用本模組取得 RS-485 通信介面的一個方法。

1. 規格特徵

(1) Automatic internal RS-485 bus supervision

(2) No external flow control signals required for RS-485 3000 VDC isolation protection (ADAM-4520)

(3) Transient suppression on RS-485 data lines Speed up to 115.2 kbps

(4) Power Consumption： 1.2 W

2. 外觀：如圖 5-2 所示。

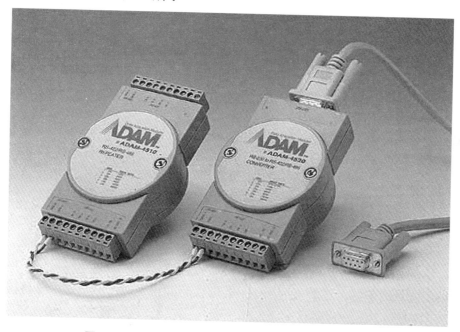

圖 5-2　ADAM-4520 隔離式 RS-232 對 RS-485 轉換器

## ▪ 5.3.2　ADAM-4510 RS-485 放大器

1. 規格特徵

(1) 資料流向的自動控制。

(2) 延伸已經存在的 RS-485 網路節點。

(3) 延伸網路達到 4000 呎(約 1.2 公里)。

2. 內部方塊圖

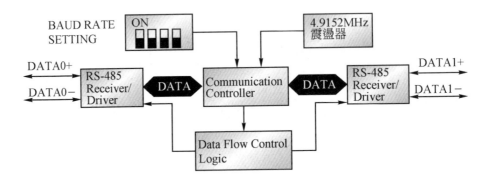

3.　使用：參照 5.2.2 配線距離與延伸配線。

## ▪ 5.3.3　Analog Input Modules

　　ADAM 線性數據提供多樣的輸入規格包括電壓、電流、以及可直接檢出器量取數據，其解析度為 16 bit 取樣時間為 10 Hz 於可適用於各種用途。

　　如表 5-2 為 ADAM4000 系列 Analog Input Modules 規格一覽表，於 BMS 系統廣泛的使用於溫度、壓力、溼度、電壓、電流等之偵測，並作為 PID 控制、WWE 控制以及能源管理。

　　本節介紹數種 BMS 經常使用的線性數據模組之規格、外型以及於 BMS 之使用。

### 一、ADAM-4011 & 4011D

　1.　規格特徵

　(1)　可耐 3000 VDC 絕緣電壓。

　(2)　輸入方式依照設定有熱耦合(Thermocouple)溫度檢知、mV，V 或 mA 轉換器。

(3) 4011D 有 4 又 1/2 之 LED 顯示器顯示讀取的數值。

(4) 依照設定可以傳送下列格式資料給 EMC：

① 工程單位( °C，mV，V，or mA)

② 滿刻度百分比(Percent of full-scale range) (FSR)。

③ 16 進制 2 的補數 (Twos complement hexadecimal)。

2. 外觀

圖 5-3　ADAM-4011 & 4011D 外觀

3. 用途

(1) 環境溫度檢測。

(2) 空調機箱與室內恆溫 PID 控制。

(3) 最佳空調啓動控制。

4. 使用方法

    (1) 電壓值輸入方式時，直接轉換器或 Sensor。

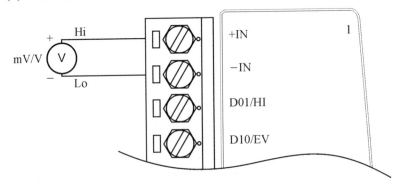

圖 5-4　Millivolt and Volt Input

    (2) 電流值輸入方式時，於端子並聯 125 Ω 電阻。

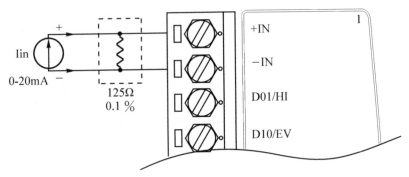

圖 5-5　Process Current Input

(3) 使用熱耦合輸入，直接接於端子。

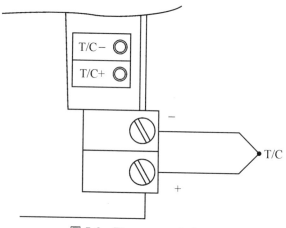

圖 5-6　Thermocouple Input

## 二、ADAM-4013

1. 規格特徵

依照設定可以由「白金」和「鎳」等材質的 RTD Sensor 輸入，可以傳送下列格式資料給 EMC：

(1) 工程單位( °C )。

(2) 滿刻度百分比(Percent of full-scale range) (FSR)。

(3) 16 進制 2 的補數 (Twos complement hexadecimal)。

2.　外觀

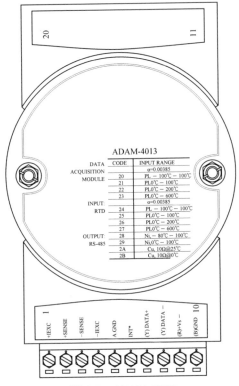

ADAM-4013

| DATA ACQUISITION MODULE | CODE | INPUT RANGE |
|---|---|---|
| | | α=0.00385 |
| | 20 | PL − 100℃ − 100℃ |
| | 21 | PL0℃ − 100℃ |
| | 22 | PL0℃ − 200℃ |
| | 23 | PL0℃ − 600℃ |
| INPUT: RTD | | α=0.00385 |
| | 24 | PL − 100℃ − 100℃ |
| | 25 | PL0℃ − 100℃ |
| | 26 | PL0℃ − 200℃ |
| | 27 | PL0℃ − 600℃ |
| OUTPUT: RS-485 | 28 | Ni, − 80℃ − 100℃ |
| | 29 | Ni,0℃ − 100℃ |
| | 2A | Cu, 10Ω@25℃ |
| | 2B | Cu, 10Ω@0℃ |

圖 5-7　ADAM-4013

3.　用途

(1)　環境溫度檢測。

(2)　空調機箱與室內恆溫 PID 控制。

(3)　最佳空調啓動控制。

4.　使用方法

(1)　各種 RTD 配線方法。

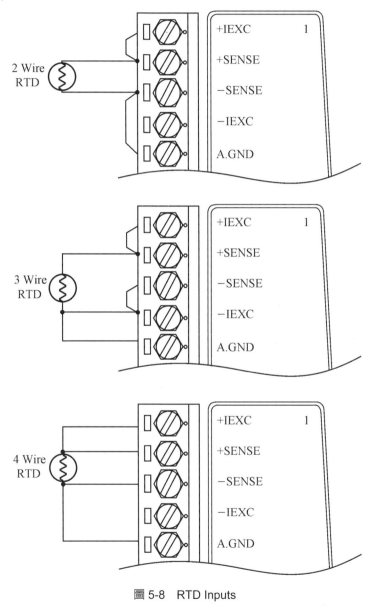

圖 5-8　RTD Inputs

三、ADAM-4015

1. 規格特徵

(1) 提供 6 組高精度差動式 RTD 輸入。

(2) 提供外部線路斷線檢出功能。

(3) RTD 型號適用 Pt100， Pt1000， BALCO500， Ni

2. 外觀

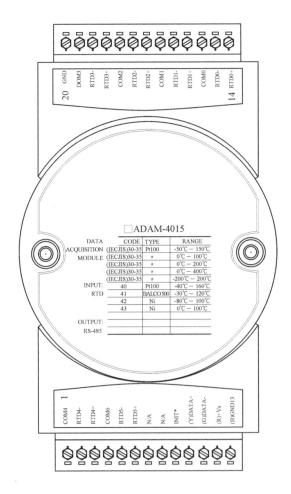

3. 用途

(1) 環境溫度檢測。

(2) 空調機箱與室內恆溫 PID 控制。

(3) 最佳空調啓動控制。

4. 使用方法

(1) 如下圖 5-9 可接 2 線或 3 線式 RTD 溫度檢知器。

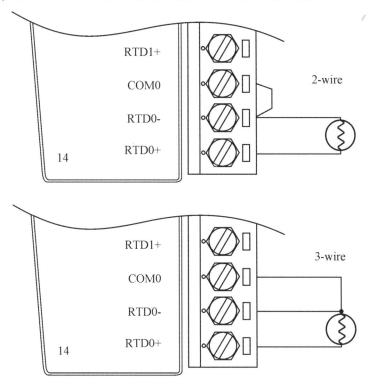

圖 5-9　ADAM-4015 RTD Input Module Wiring Diagram

四、ADAM-4017

1. 規格特徵

(1) 16-bit 高精度 A/D 轉換。

(2) 6 組差動式及 2 組單點線性輸入模組。

(3) 每個 Channel 都可設定輸入範圍。

(4) 使用光耦合絕緣輸入介面，可耐 3000 V DC 絕緣電壓，適合裝置於高電壓盤面。

2. 外觀：如下圖

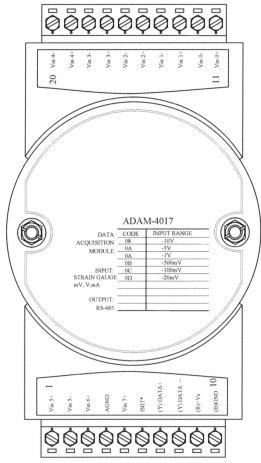

3.　用途

(1)　電力數據量測。

(2)　能源管理。

(3)　WWE 控制。

(4)　PID 控制。

4.　使用方法

(1)　Channel 0 ~ Channel 5　爲差動式輸入其配線方法如下圖：

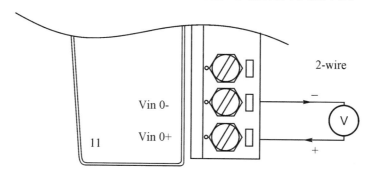

(2)　Channel 6 ~ Channel 7　爲單點輸入其配線方法如下圖：

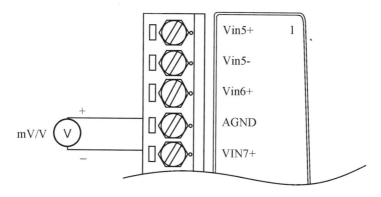

表 5-2　Analog 規格比較表

| Feature/Model | ADAM-4011 | ADAM-4018 | ADAM-4013 | ADAM-4012 | ADAM-4017 | ADAM-4014D |
|---|---|---|---|---|---|---|
| Input Channels | 1 Diff. | 6 Diff. & 2 SE | 1 Diff. | 1 Diff. | 6 Diff. & 2 S.E. | 1 Diff. |
| Sampling Rate/Resolution | 10Hz/16 Bit | 10 Hz/16 Bit | 10 Hz/16 Bit | 10 Hz/16 Bit | 10Hz (Total) /16 Bit | 10 Hz/16 Bit |
| Isolation Voltage | 3000 $V_{DC}$ | 3000 $V_{DC}$ | 3000 $V_{DC}$ | 3000 $V_{DC}$ | 3000 $V_{DC}$ | 5000 $V_{DC}$ |
| Voltage Input | ±15mV ±50mV ±100mV ±500mV ±1V ±2.5V | ±15mV ±50mV ±100mV ±500mV ±1V ±2.5V | | ±150mV ±500mV ±1V ±5V ±10V | ±150mV ±500mV ±1V ±5V ±10V | ±150mV ±500mV ±1V ±5V ±10V |
| Current Input | ±20mA | ±20mA | | ±20mA* | ±20mA* | ±20mA* |
| Direct Sensor Input Type | Thermocouple J, K, T, E, R, S, B | Thermocouple J, K, T, E, R, S, B | RTD Pt, Ni, Cu | | | |
| Digital Input Channels | 1 | | | 1 | | 1 |
| Event Counter | Yes | | | | | |
| Digital Output Channels | 2 | | | 2 | | 2 |
| High/Low Alarm | Yes | | | Yes | | Yes |
| Digital LED Display | | | | | | 4* Digit |
| Isolated Loop Power | | | | | | Yes |
| Input Linear Scaling | | | | Yes | | Yes |
| Event Counter | | | | Yes | Yes | Yes |

* Requires a 125 Ohm Shunt Resistor

### ▪ 5.3.4   Analog Output Module

如下圖 5-10 為 ADAM 線性輸出 (Analog output) 模組，圖中以光耦合隔離系統網路與設備介面，以達到高絕緣電壓，所以可放心的使用於高電壓之機電設備控制。

提供 12 Bit 數位與線性轉換(DAC)可得到高解析度之控制，適用於如 PID 控制需要高精度之應用要求，而且於線性輸出提供適用之 Re-back 數據，系統可監視目前線性輸出值以作控制之確認。

提供電壓或電流輸出，因此於 BMS 使用上足以應付各種不同的設備輸入規格。

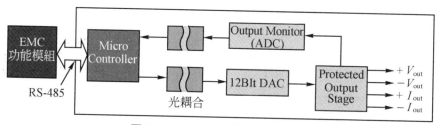

圖 5-10　ADAM 線性輸出方塊圖

以下介紹 ADAM 各種線性輸出模組規格、外型以及於 BMS 之使用

### 一、ADAM-4021/4024

1.　規格特徵

(1)　12-bit 高精度 A/D 轉換。

(2)　依照設定可接受如下格式之設定輸出。

　　① 工程單位。

　　② 滿刻度百分比(FSR)。

　　③ 16 進制 2 的補數。

(3) 輸出方式有

　　① 0 to 10 V 電壓。

　　② 0 to 20 mA， or 4 to 20 mA 之電流。

(4) 使用光耦合絕緣輸入介面，可耐 3000 V DC 絕緣電壓，適合裝置於高電壓盤面。

(5) 變動比(Slew Rate)

　　① 電壓輸出時 0.0625 to 64 V/sec。

　　② 電流輸出時 0.125 to 128 mA/sec。

(6) 4021 為單組，4024 為四組輸出

2. 用途

(1) WWE 控制。

(2) PID 控制。

(3) 線性閥門控制。

(4) 線性風門控制。

(5) 馬達變頻速度控制。

3. 使用方法：如下圖

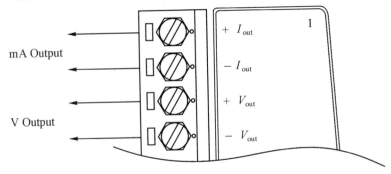

## ▪ 5.3.5　Digital I/O Modules

　　ADAM 4000 DI/DO 模組，於 BMS 之模組選擇以使用場所而定(參閱表 5-3)，以下提供幾個選擇原則與注意事項：

① 如高壓電力設備場所，請選擇絕緣型模組。

② 如建築物設備輸入介面儘可能選擇乾接點輸入模組。

③ 外部接點要避免並聯共用，以防止意外的電流輸入造成錯誤動作。

④ 輸出介面要注意負載電流與電壓，必要時加入適當外部迴路以確保系統穩定與安全。

⑤ 對動作頻繁之輸出迴路或雜訊敏感之場合，請使用SSR(Solid State Relay 靜態繼電器)。

⑥ 使用 Open-Collector 輸出模組如外部為感抗負載如 Relay 務必於負載加入突波消失裝置。

表 5-3　ADAM 4000 DI/DO 模組一覽表

| 名稱 | | ADAM-4050 | ADAM-4051 | ADAM-4052 | ADAM-4053 | ADAM-4055 | ADAM-4060 | ADAM-4068 |
|---|---|---|---|---|---|---|---|---|
| Inputs Channel | | 7 | 16 | 6組獨立 2組單點 | 16 | 8 | --- | --- |
| Output Channel | | 8 | --- | --- | --- | 8 | 8 | 8 |
| 輸入方式 | | TTL 或濕接點 | 光耦合 | 光耦合 | 濕接點 | 光耦合 | | |
| 絕緣耐壓 | | | 2500 V DC | 5000 V RMS | | 2500 V DC | | |
| 輸入規格 | 接點 | 濕接點 | 濕接點 | 濕接點 | 濕接點 | 濕或乾接點 | | |
| | 低電位 | +1Vmax | +1Vmax. | +1Vmax. | +2Vmax | +0.3Vmax. | | |
| | 高電位 | +3.5 V to +30 V | +10V to +50 V | +3.5 V to +30 V | +4 V to +30 V | +10V to +50 V | | |
| 輸出方式 | | Open-Collector | --- | --- | --- | Open-Collector | 接點輸出 | 接點輸出 |
| 輸出規格 6 | | 30 V, 30 mA max. | --- | --- | --- | 5~40V DC | 0.5A / 120VAC 1A / 24VDC | --- |
| 輸出適用負載 | | SSR | --- | --- | --- | SSR | Relay | Relay |
| LED表示器 | | 有 | 有 | | | 有 | | |

TTL 為邏輯 IC 迴路電壓輸入　OC 為 Open-Collector Transistor 迴路

# 一、各種數位輸入(DI) 使用方法

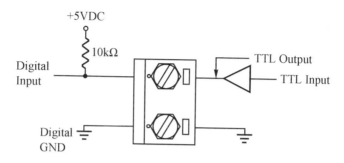

圖 5-11　TTL Level 輸入接線方法(適用 4050)

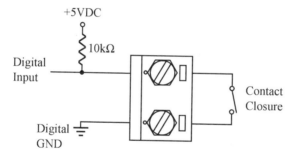

圖 5-12　乾接點輸入接線方法(適用 4050)

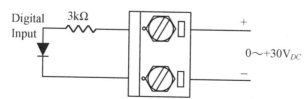

圖 5-13　絕緣型外部電壓輸入方法(適用 4052)

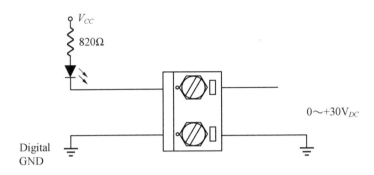

圖 5-14　絕緣型外部電壓輸入方法(適用 4053)

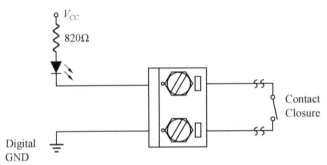

圖 5-15　接點短路輸入方法(適用 4053)

## 二、各種數位輸出(DO) 使用方法

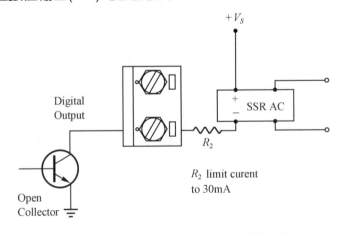

圖 5-16　Open-Collector 外接 SSR 接線方法

## ▪ 5.3.6　計數與頻率輸入模組

ADAM 4000 系列提供 **ADAM-4080/4080D** 之 32 位元計數與頻率輸入模組，有以下的特徵

① 5 數位 LED 顯示。

② 2 獨立 32-bit 計數器。

③ 達到 50 KHz 輸入頻率。

④ 隔離或非隔離輸入。

⑤ 2500 VRMS 隔離。

⑥ 可程式數位濾波器：2 to 65 msec。

⑦ 2 數位輸出 / High-Low 警報。於 BMS 通常被使用爲脈衝計數，如下圖 5-17 被用來作爲水流用量計數或每單位水流量偵測。

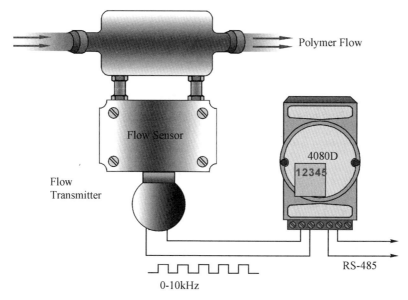

圖 5-17　計數器之使用例

# ▶ 5.4 介面應用迴路

## ▪ 5.4.1 電梯介面

在目前系統介面廠商以電梯廠商比較強勢，能提供通訊協定的幾乎沒有，如能在良好溝通而不影響電梯運作下，電梯廠商亦能提供許多標準介面，甚至配合讀卡系統達到樓層控制。

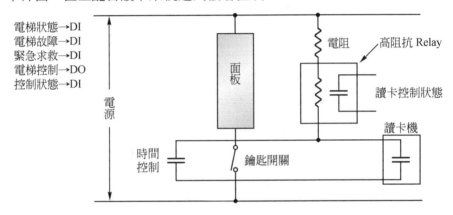

如圖：電梯狀態最好不要是電梯馬達狀態。

電梯控制可以做到強制關門，強制停到一樓開門或關門等等，都須與電梯廠商充分溝通。

電梯簡易的讀卡機控制若無標準介面提供，可以協調電梯廠商將面板(車廂內)按鈕(車廂外)之控制電源一方開路做為控制，但至於是正端或負端開路須視面板控制迴路而定。

鑰匙開關是預防讀卡機故障時可以手動恢復正常使用，時間控制可以與讀卡機同一控制點。讀卡控制回授點一般與面板並聯一 Relay 即可解決，但為了提高安全起見可加一高阻抗 Relay(固態或 IC 型)再加一電阻將負載降到 10mA 以下，如此電梯廠商認同程度會更高。

# ▪ 5.4.2　電力品質監控

　　電力高壓控制部分如 ACB、GCB 廠商都能提供完整的介面，連手/自動切換開關都已是標準設備，但目前大樓管理大都已摒除高壓電力控制，排除以往誤以為遙控高壓設備較為安全之迷思。因為一般建築物大電力設備是 24 小時使用，不像電廠或常須做卸復載之廠房有必要控制外，一般建築物大電力設備是不須投進投出，但萬一建築物大電力出問題，也一定要到現場了解原因排除故障後才能再投入電力，反而盲目在監控下命令會使問題更複雜，另外避免監控系統故障或操作人員誤下指令引發不必要的停電機率。

　　假如要控制不論是 ON 或 OFF，原則上大多設備都是接受 NO 瞬間接點，不要自作主張提供 NC 接點，須完全與電力廠商溝通才可以。

　　要了解電力品質以往大都須透過電力轉換器提供低電壓或低電流之類比訊號，而轉換器訊號來源，雖然只是 CT 及 PT，並且可以共用，可是三相電壓就要三個電力轉換器、三相電流、頻率、乏時、功率因數、瓦特、瓦時……林林總總也要十幾個電力轉換器，目前只須要一個多功能集合電表，透過如 RS-485、MODBUS 等與監控系統溝通即可，其輸入訊號的結線方式只要與傳統一顆瓦時表一樣就可以。

　　原則上現場都已有電表，所以我們用的轉換器或集合式電錶可以與現場 PT、CT 共用，　PT 為並聯使用、CT 為串聯使用。

　　※特別注意，活線作業時 PT 絕對不能短路，但最被人忽略而不知道的是 CT 絕對不能開路，否則 CT 會爆炸，進而影響層面很大。所以標準之設備 CT 迴路上設有短路設備，施工時務必要短路施工完再開路，但若沒有短路設備，施工前務必先將 CT 短路。

1. 端子說明

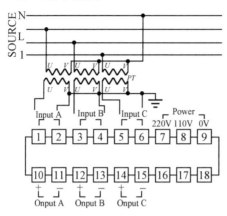 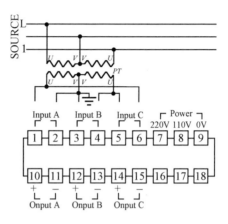

2. 接線方式

(1)　PT　三相四線式 (3φ4W)　　(2)　PT　三相三線式 (3φ3W)

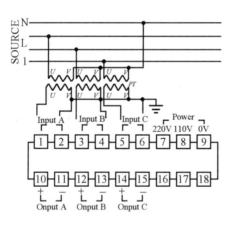 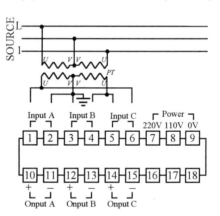

## ■ 5.4.3　馬達類之控制

　　由於馬達是感抗設備，起動電流較大，當電源不穩或是停電後復電之時瞬起動電流過大，有可能造成影響，所以現場控制箱原則上都設計成自保持開關型式，而自中央監控是否也該提供兩點 DO ON/OFF 瞬時接點設計成自保持開關型式呢？值得探討。

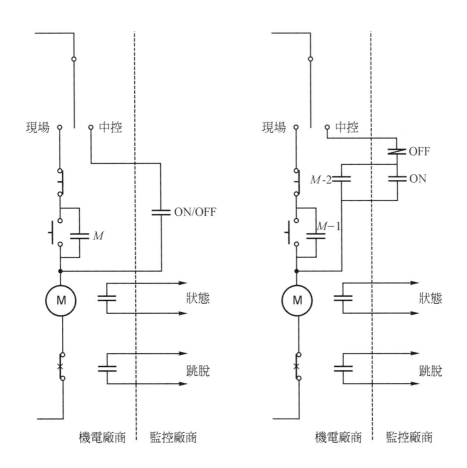

原則上假如控制器沒有不斷電系統(UPS)且設計上只提供一點
DO，停電時控制器也跟著停電，所以原則上 DO 都會變成 OFF，而問
題出在復電後控制器起動後之功能，假如是 OFF 就沒事(只針對起動電
流而論)，假如它有記憶功能有可能受控之設備在復電後一段時間後又同
時起動，亦有可能再造成跳電危機。

假如控制器電源是由 UPS 提供或有電池備源，停電時若沒有做卸載
動作將重蹈覆轍造成跳電危機。所以建議有 UPS 但沒有電力監控無法做
卸載功能的系統，最好提供兩點瞬時接點。

跳脫警報點須由過載保護電路上之輔助接點提供，千萬不要自作主張認為 RELAY 之 B 接點給電路用、A 接點剛好給監控用，如此可能會造成嚴重後果。若廠商沒有單獨提供一接點，建議加一 Relay 線路如下：

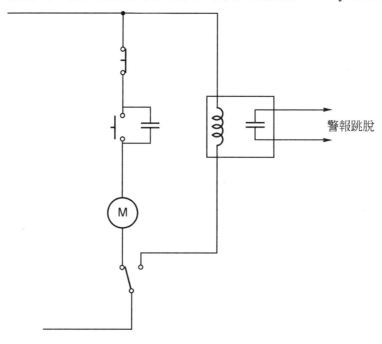

警報跳脫

## ▪ 5.4.4 手／自動切換開關

手／自動切換開關在監控系統佔有一席重要地位，因為它是監控和現場的責任分界點，也是監控系統在維修或故障時之救命靈丹。市面上切換開關之指示牌，三段的標準都是(手動／停／自動)、(HAND／OFF／AUTO)，二段的都是(手動／自動)、(HAND／AUTO)，所以假如運用在監控與現場分野，建議將牌子改成(現場／中控)，這樣比較明確，也不易和現場須要自動運轉之設備搞混，避免製造教育訓練和現場操作之困擾。原則上當切換開關置於現場時，現場可手動操作，中控命令都無效；反之切在中控時，中央監控可操控，現場開關、按鈕也都無效，所以它是一個重要責任分界點。

　　現場／中控切換開關亦可由中央監控控制(如下圖)，可由一顆 RELAY 取代之，假如有 2P 時多 1P 可當做現場／中控之狀態點。另外建議以B接點接在手動位置可避免監控系統在維修或故障時不易切換成現場操控模式。

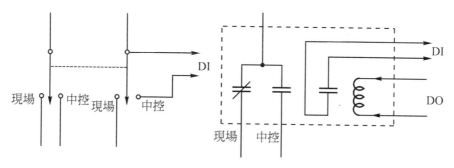

## ▪ 5.4.4.1　錯誤案例

　　現場一組切換開關控制兩台或兩台以上設備，常常加上中央監控控制後會產生很多怪異現象，最後不是拆掉不用就是乖乖再加一個切換開關，但是若想用一個手／自動切換動作就要操縱多個設備又要如何做呢？

　　如圖 5-18，手／自動切換開關切在現場而中控兩點都下命令 ON 時，只要現場手動一台，兩台都同時起動而且關不掉，其他各種狀態大家可自行模擬，那多台連動就更好玩。

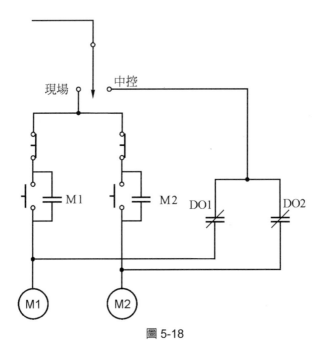

圖 5-18

　　假如監控點提供 ON／OFF 兩點瞬間接點是不是就可行呢？表面上看起來是可行，但假如我們認定現場／中控切換開關是控制的責任分界點，那嚴格來說就不行，如圖 5-19 切換開關置於現場第 1 台起動，所以 M1-1、M1-2 自保持動作，如此中控可以下命令開關第 2 台，反之切換開關置於中控，亦有如此狀況。

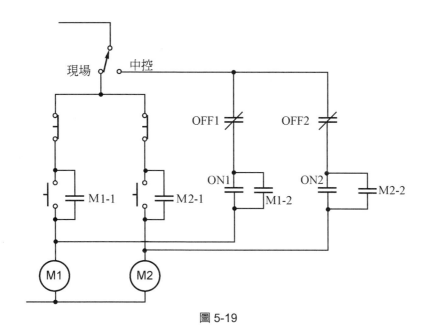

圖 5-19

　　解決之道就是一台裝一組切換開關或者是藉由 RELAY 來解決，(如下圖)R1 為 RELAY，R1-1、R1-2 為 RELAY 之接點。

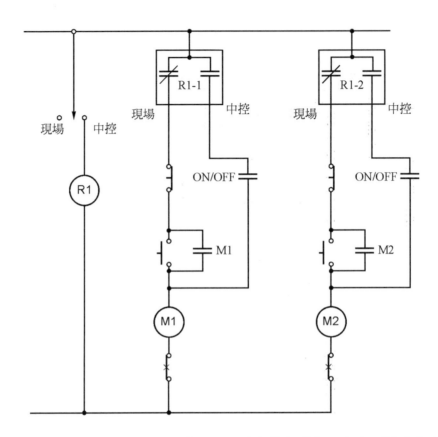

如此再並聯多組 RELAY 就可以一次切換好幾組，但必須注意負載及接點容量。

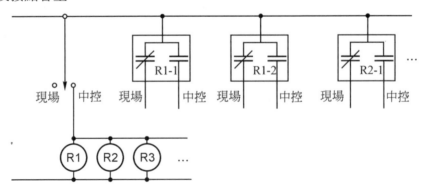

## ▪ 5.4.5　水泵交互運轉控制

　　市面上交互運轉線路很多，舉一簡單線路做說明及建議，如下圖是一組手／自動切換開關控制二台污水泵之等效電路圖，手動時可開一台或二台至低水位時自動關掉，自動時至高水位交互運轉器會選擇一台打到低水位時關掉，同時換一台待命，如此交互運行。

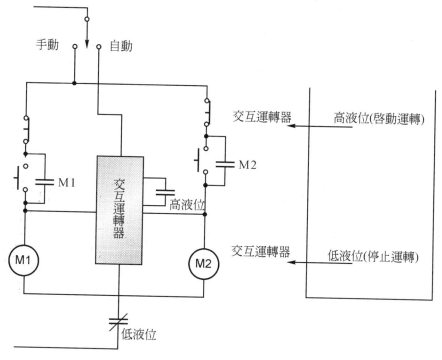

　　假如中央監控參與控制，亦有多種控制模式，在此只說明一例如下圖，只用一組控制點 ON、OFF 各為一點瞬時接點，如圖 ON 必須為 NO 點，OFF 為 NC 點(可能為 NO 點，須視交互運轉器線路而定)。

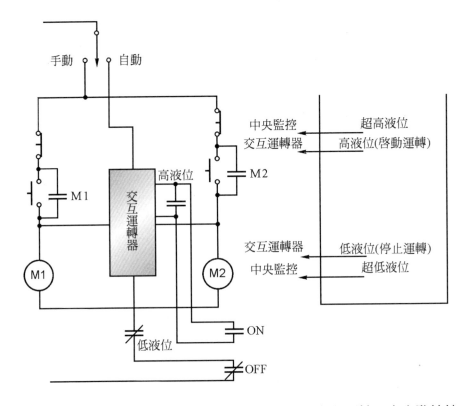

　　建議平常都放在自動位置，並由交互運轉器自動運轉。中央監控控制之時機，是利用時間控制在電力離峰時間將污水先抽掉，免得碰上尖峰時馬達又起動。另一時機是在現場高低液位 SENSOR 故障時，由中央監控監測超高／超低水位以事件程式來啟動或關閉馬達，達到雙重保障的功能，又不會讓交互運轉器閒置而故障。

　　其他控制迴路常常可藉監控直接控制兩台馬達，但不建議由監控做交互運轉之功能，避免交互運轉器閒置在地下室惡劣環境故障而不自知。

## ▪ 5.4.6　標準通信協定之迷思

時代在快速的進步，介面的範圍已不是傳統的 DI、DO、AI、AO 而 RS-232、RS-485 等，系統與系統、設備與設備、設備與系統間的連接已成為一種標準性工具，也由於通訊技術飛躍的成長、各家系統的需求，而發展、整合出不少通信協定。

整合的風氣也一股腦的吹進中央監控領域掀起了一陣波瀾，在此先討論整合的目的，應該是：

1. 避免重複的浪費。

2. 使監控更流暢。

3. 使維修更方便。

假如違反以上的原則，倒不如各自獨立省得既浪費又產生困擾，還影響整體系統的長期運作。

不同的系統整合，若規劃得宜，確實可收一加一大於二的效果。譬如火警系統之整合，假如中央監控系統很完整，那各點火警警報就可連動個別影像，甚至可個別輔助防災啟動，或原先火警系統沒有圖控等就值得利用通訊協定整合，免得火警廠商須另外提供一大堆 DO 點，監控廠商又須花一大堆 DI 模組又得配管線結線等。

但必須回歸經濟效益的問題，假如沒有環境的因素(譬如沒有空間加模組管線等)整合雙方(火警廠商、監控廠商)獅子大開口，軟體要錢、硬體要錢、介面也要錢，比硬體間接還要花更多錢時，不如雙方都互相提供幾點硬體點(DI/O、AI/O)由硬體間接，責任單純，而且一般也都能達到規劃功能，那就大可不必花大錢買軟體及通訊介面。

　　但設計者卻又有一點迷思，雖然這次設計沒有整合的東西，但是系統廠商非得把各家的標準通訊功能加諸在本案中，最大的理由是保留未來整合空間。

　　回顧本國建築物監控系統完工後，陸續再追加工程的並不多也不大，不然就是同一套系統追加。假如是一龐大新系統的話，原則上會是一套完整獨立的系統，最多資料庫丟過去舊系統就好了，而且最好舊系統不要來干擾，而且整合的結果往往是疊床架屋，效益看不出來，所以原則上是不需要用到的，即使做了也沒多大機會使用。

　　雖然不敢保證，整合的效益對未來完全沒有幫助，但以現代科技進步之快，新系統的功能日新月異，反而是新系統整合舊系統較容易，也就是說，系統能提供標準介面、通訊協定，以及合理的價格才是最重要的。

　　以目前 MODBUS RTU 為例，堪稱工業界最普遍的通訊協定，一般的軟硬體在整合都不成問題。如此設計時列為標準功能應不為過。

# Chapter 6

# 接地與遮蔽

由於中央監控系統幾乎含蓋到整個建築物的全部,監控之設備分佈在整個建築物各處,所以整個中央監控系統訊號的傳輸穩定度往往可影響整個系統的成敗。影響穩定度的原因除了選擇一套好的系統及良好的設計外,接地及訊號傳輸的規劃佔了一席重要地位,訊號傳輸包含網路系統的傳輸、控制器與控制器、控制器與模組、模組與模組、模組與 I/O,現場設備在無法全面用金屬管配管時(共用線架、PVC 管等)線的遮蔽變得非常重要。

# ▶ 6.1　何謂接地

就如大家所知道的,地球為一非導體。但是所有的高樓大廈,包括其中的鋼鐵、混凝土和其他的線路(例如避雷針和電力系統)則都和地球連接,把這些線路都想成是無限多的水平電阻,則地球就只是一個參考點而已。

圖 6-1　Think the EARTH as GROUND.

## ▪ 6.1.1  'Frame Ground' 與 'Grounding Bar'

依據之前的描述可知 (Grounding) 對我們的系統是最重要的，就像 "Frame Ground" 這個在電腦裡的信號是電腦裡電子線路走向的參考點一樣；當我們要和電腦溝通時，不只是信號接地 ("signal ground")，連外殼接地 (frame ground) 都應該連接始能讓電子線路走向都有一個參考點，概括來說，每一個系統都需建立一個獨自的接地棒 (grounding bar)，就像電腦網路、通訊網路、電力系統等等...，那些單一個接地棒不只提供單一個參考點，也讓地球是一個真正的接地。

如下圖 6-2 於電力系統有所謂的中性線與接地，而中性線 (Neutral) 是指由發電機發出的一條不帶電的物理中性電電線，而接地 (Grounding) 是指連接到接地棒之邏輯電線。

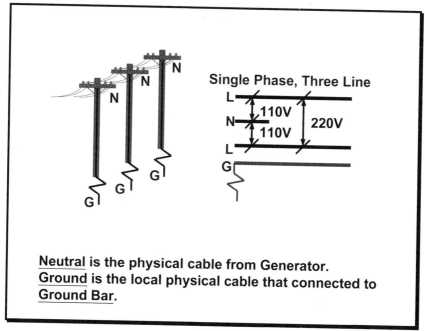

Single Phase, Three Line

**Neutral** is the physical cable from Generator.
**Ground** is the local physical cable that connected to
**Ground Bar.**

圖 6-2　Grounding Bar

## ▪ 6.1.2 正常模式與共通模式

　　如下圖 6-3，如果去測量活線(Live Line)和混凝土牆之電位，或者是測量中性線(Neutral Line)和混凝土牆之間的電壓，會發現所測出的數值都是無用的，Live Line 和 Neutral Line 只是有關係的訊號，數值為 AC110V 或 AC220V。

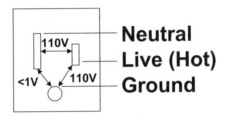

**Normal Mode & Common Mode**

**Neutral**
**Live (Hot)**
**Ground**

110V
<1V    110V

**Normal Mode** : refers to defects occurring between the live and neutral conductors. Normal mode is sometimes abbreviated as NM, or L-N for live-to-neutral.
**Common Mode** : refers to defects occurring between either conductor and ground. It is sometimes abbreviated as CM, or N-G for neutral-to-ground.

圖 6-3　Normal mode and Common mode

　　上圖 6-3 中，正常模式(Normal Mode)是指於在 Live-Line 和 Neutral-Line 間參考電壓，而 Normal mode 通常簡稱為 NM 或 live-to-neutral 簡稱為 L-N。

　　共通模式(Common Mode )是指在兩個導體和地面之間發生電壓，簡稱為 CM 或 Neutral-to -Ground 簡稱為 N-G.。

如下圖 6-4 為標準的電腦插頭，而當中

(1) 接地腳為( Ground-pin)為最長的腳，可以最先接到系統以及接地用以作為雜訊之旁路。

(2) 中性腳 (Neutral-pin) 比 活線腳 (Live-pin) 寬，用以減少接觸阻抗。

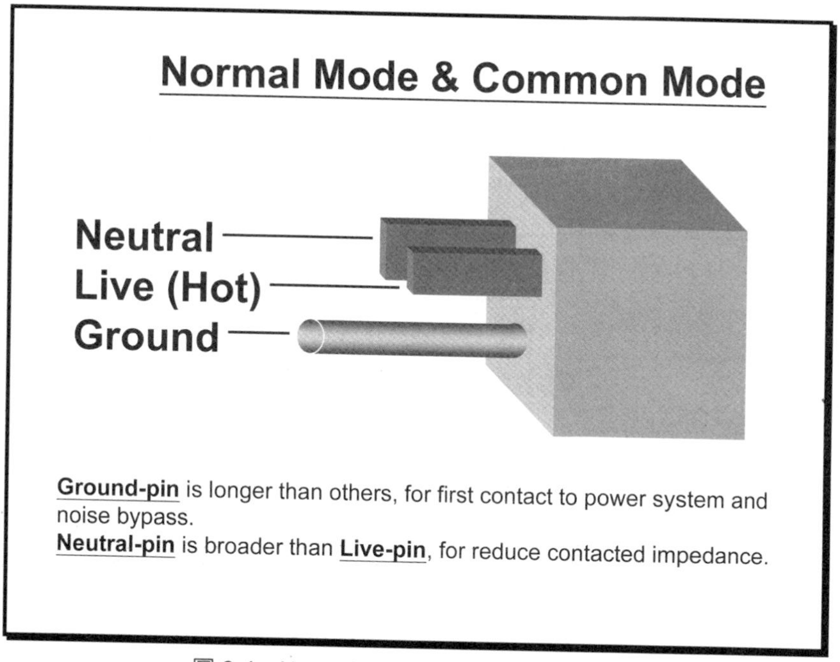

## Normal Mode & Common Mode

Neutral ──────
Live (Hot) ──────
Ground ──────

**Ground-pin** is longer than others, for first contact to power system and noise bypass.
**Neutral-pin** is broader than **Live-pin**, for reduce contacted impedance.

圖 6-4　Normal mode and Common mode

### ▪ 6.1.3 線阻抗(Wire impedance)

高壓電傳輸的目的為何？

我們可以看到發電廠在發電時把電壓加高，然後以高壓電塔把電力傳到電力站 (Power Station)時才降壓給用戶用電，為何要如此麻煩？

依據電力公式 P=V*I，當電壓增加時，可以用較少的電流傳送同樣的電力，依據歐姆定律 (V=I*R)，電力傳送的過程會因為傳送電線之電阻而發生電壓降，而以較小的電流會減少電壓降，也就是減少電力損失，所以遠距離供電都以高電壓方式送電。

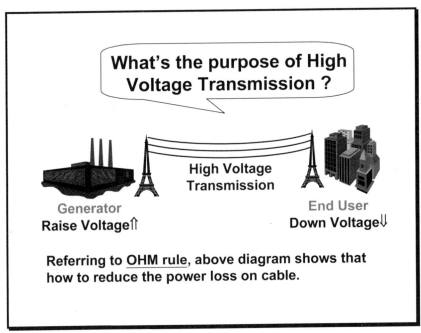

圖 6-5　The purpose of high voltage transmission

於輸送電力衰減的因素除了金屬本身的阻抗系數以外還包括線徑及長度，而這些因電線上阻礙電力輸送的因素叫做線阻抗。

如下圖 6-6 因為線阻抗而發生電線頭尾兩端之電壓差異。

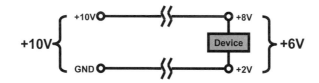

圖 6-6　wire impedance

## ▪ 6.1.4 單點接地(Single Point Grounding)

什麼是單點接地 (Single Point Grounding)？

試想在冬天時，洗熱水澡時如果在別的地方有人開了另外一個熱水開關，熱水馬上變冷水。由底下的圖 6-7 得知那些設備會因瞬間負載的變化而互相影響。當 3 和 4 號水龍頭關閉時，另外兩個水龍頭的水流會增加。意思即為水龍頭無法保持固定的水流率。

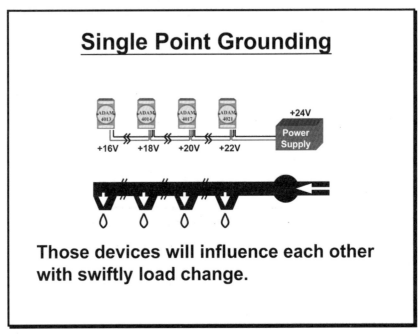

圖 6-7　Single point grounding (1)

上面的圖 6-7 讓我們知道 "single point grounding" 將會是一個更穩定的系統。事實上使用細的線路來發動這些設備，末端的設備會得到較低的電力，細的線路會消耗較多的電力。

如下圖 6-8 顯示使用更多的供電電線，可以得到更穩定的電壓。

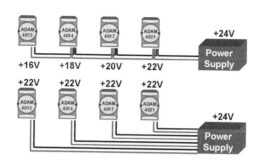

## Single Point Grounding

**More cable, but more stable system.**

圖 6-8　Single point grounding (2)

## ▪ 6.1.5　遮蔽電纜(Cable Shield)

　　於系統世界裡，電線電纜除了用來作電力的輸送以外，用得最多的是用來傳送信號，而這些信號則是電壓更低，信號微弱的電力，因此也更容易受到更多的外在信號干擾。

　　影響信號強度與信號波形的因素除了線間阻抗以外，有一個同樣重要的因素為雜訊干擾，而遮蔽電纜為配線上用來解決雜訊干擾之方法。

1.　單隔離遮蔽電纜(Single isolated cable)

　　　如下面的圖 6-9 為單隔離遮蔽電纜的構造，可以看見螺旋狀之鋁金屬薄膜環繞著內部電線(信號線)，這些螺旋狀的金屬薄膜結構可將外部的雜訊與內部的信號線隔離。

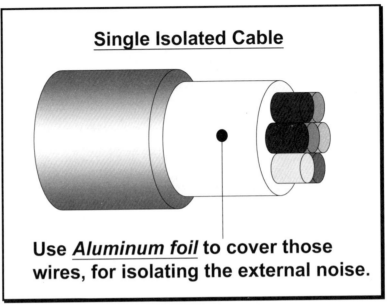

圖 6-9　Single isolated cable

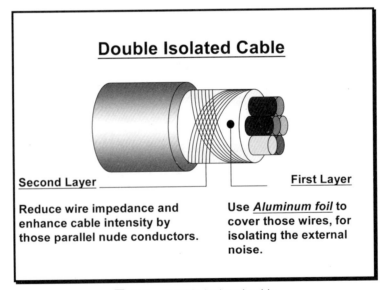

圖 6-10　Double isolated cable

2.　雙隔離遮蔽電纜(Double isolated cable)

如上圖 6-10 可看到於圖 6-9 Single isolated cable 上加一層銅質的金屬網作為第二層隔離，用以增強隔離強度，而且對外部雜訊有更好的隔離效果。

使用上有下列幾點注意事項：

(1)　遮蔽用的金屬不可以用作信號接地。因為遮蔽用的金屬只用來作為雜訊隔離，如果用來做為信號接地，可能導致引起更多的雜訊。

(2)　密度更高的遮蔽會有更佳的隔離效果，但對高頻有容抗效應須特別注意。

(3)　隔離遮蔽兩端必須連接到各自的設備外殼(for EMI consideration)。

(4)　塑膠外層不要割掉太多。

## ▪ 6.1.6　系統隔離(System Shielding)

除了正確的選用配線之電線與電纜以外，做好全系統之雜訊隔離必須依照下面的方法：

(1)　絕對不要把塑膠外層割掉太多，否則不適當的狀態會摧毀雙絞線雜訊隔離(Shielded-Twisted-Pair cable) 的特性，因為這些裸露的線路很容易和雜訊黏合。

(2)　參考圖 6-13 System Shielding (1)與圖 6-14 System Shielding (2)內容，以銲錫銜接分開的隔離遮蔽。

(3) 連接隔離遮蔽到 DC 電源供應器的外殼接地去強迫那些黏合的雜訊流到 DC 供電器的外殼接地；而 DC 電源供應器的外殼接地應該連接到系統接地。

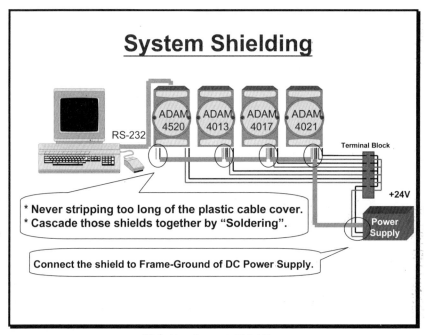

圖 6-11　System Shielding

1.　電纜特性

　　　如圖 6-12 說明為何不要將雙絞線的被覆割得太長的理由。

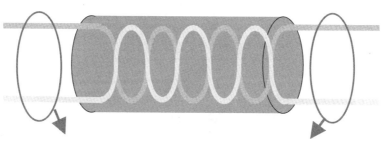

圖 6-12　The characteristic of the cable

2. 隔離遮蔽之連接

　　如圖 6-13，於連接兩條電纜隔離遮蔽時只作部分的連接或接觸不良時，由於電氣特性，雜訊信號因為無法順利流到對面的電纜，它會嘗試去尋找阻抗最小的迴路，因此雜訊會很容易串入信號電線。

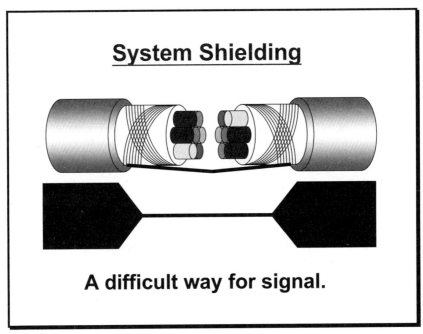

圖 6-13　System Shielding (1)

再如下圖 6-14 妥善的處理兩條電纜隔離遮蔽並以銲錫連接,使其接觸電阻最小雜訊信號可以很容易的流到對面電纜,如此就可以降低雜訊串入信號電線之機會。

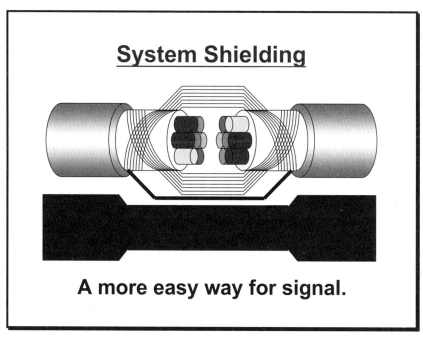

圖 6-14　System Shielding (2)

## ▪ 6.1.7　降低雜訊之技術 (Noise Reduction Techniques)

1. 把雜訊的來源包覆在隔離遮蔽內。

2. 把敏感的設備放在有隔離遮蔽的裡面使其遠離電腦設備。

3. 在雜訊來源和訊號之間用分離的接地。

4. 保持接地和信號的頭越短越好。

5.  使用環絞線與有隔離遮蔽的信號引出線。

6.  當參考地電位不相同時，只於隔離遮蔽之尾端接地。

7.  系統不穩時就是有通訊問題的發生。

8.  如需要，再多加一個接地棒。

9.  電源線的直徑一定要大於 2.0 mm²。

10. A/I，A/O 必須獨立的接地，而通信網路必須使用跳線盒。

11. 必要時使用過濾器(filters)降低雜訊 (TVS, etc)。

12. 可參考 FIPS 94 標準 FIPS 94 建議電腦系統必須放在接近他們的
    電力來源的地方以消除"load-induced common mode noise"。

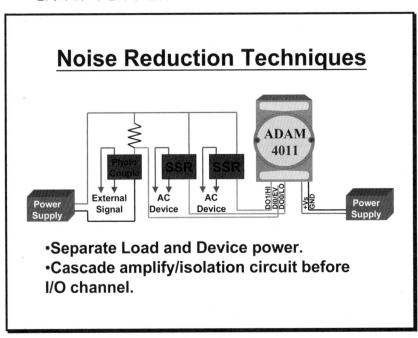

圖 6-15　Noise Reduction Techniques

# ▪ 6.1.8　Check Point List

1.　有遵照單點接地原則？

2.　正常模式與共同模式的電壓？

3.　有無將 DC 和 AC 的接地分開？

4.　雜訊的來源確實隔絕了嗎？

5.　隔離遮蔽是否連接妥當？

6.　線的直徑夠大嗎？

7.　確實使用銲錫焊接嗎？

8.　螺絲確實上緊了嗎？

# Chapter 7

# 系統整合實務

Building Intergration
Management

本章就銷售設計實務上所需注意方向逐一說明。

# ▶ 7.1 BMS 行銷與工程步驟

前面所述各項原理、功能、架構及使用方法，無非是在替客戶創造及規劃一個完整的建築物神經網絡系統。讓客戶充分了解系統所能發揮的功用，進而引起使用及需求的慾望，則是行銷的最高指導原則。以現今的電腦市場為例，效能越高的電腦設備，未必符合需要，但在縮短執行程式時間的慾望下，每個人都希望擁有更高速的電腦。BMS 也是，在提供以節省金錢、創造效率及節省時間的前提下，建立一套建築物神經網絡，將是業主最具 C/P 值的投資。當業主充分了解系統功能後，反過來，換我們做個聆聽者，了解業主的需求。針對業主的產業特性、上班時間、員工人數、空調需求、防盜弱點、監視重點、通訊結構及連動效益逐一了解，才能設計出一套真正符合需求又發揮功效的系統。

一套有效的系統在設計時應注意以下幾個重點：

1. 業主是否需要這項控制功能。
2. 業主是否同意使用這項功能。
3. 清點所需控制之硬體點數。
4. 規劃所需連動之軟體點數。
5. 了解被控制系統之控制流程。
6. 規劃各系統間之連動控制硬體範圍。
7. 採取連動控制之控制流程規劃。

將上述各點規劃完成之後，一份針對專案所規劃出的 BMS 系統 I/O 表隱然成型。再來針對 I/O 表內之各項正確器材之名稱及所在盤體名稱位置與水電、空調技師進一步確認後，即可製成如下列表 7-1 完整系統 I/O 表。

表 7-1

中央監視控制系統輸出／輸入點數表

| 樓別（項次）控制功能／設備說明 | 盤名 | 輸出 數位 啟·停機 開·關閉 | 脈衝式 啟·關 | 類比 電動蝶閥控制 | 比例蝶閥控制 | 變頻器控制 | 輸入 數位 狀態 自動·手動 | 故障狀態 | 數值監視 高低液位監視 安全警報 | 防火警報 | 任意開關 | 小時 | 類比 溫濕度 | 流量 | 壓差·壓力 | 數位設定·調整 | 電壓 | 電流 | 任意 | 功率因數 | 溫水密度 | 警報 低類比 | 高類比 | 臨界警證 | 系統 比例積分控制 | 系統警報列印控制 | 彩色動態圖形 | 數量 警報量 | 功能 運轉狀態記錄 | 歷史記錄 | 程序控制 | 時間程式 | 邏輯運算 | 運轉時間累計 | 維護課程 | 備註 |
|---|---|---|---|---|---|---|---|---|---|---|---|---|---|---|---|---|---|---|---|---|---|---|---|---|---|---|---|---|---|---|---|---|---|---|---|---|
| **九. 過濾機房 B** | | | | | | | | | | | | | | | | | | | | | | | | | | | | | | | | | | | | |
| 1 過濾水泵 | PW | | | | | | 3 | 3 | | | | | | | | | | | | | | | | | * | * | * | | | | | | | | | |
| 2 空壓機 | PW | | | | | | 1 | 1 | | | | | | | | | | | | | | | | | * | * | * | | | | | | | | | |
| 3 送風機 | EW | 1 | | | | | 1 | 1 | | | | | | | | | | | | | | | | | * | * | * | | | | | | | | | |
| 4 排風機 | EW | 1 | | | | | 1 | 1 | | | | | | | | | | | | | | | | | * | * | * | | | | | | | | | |
| 5 抽水泵 | EW | 1 | | | | | 1 | 1 | | | | | | | | | | | | | | | | | * | * | * | | | | | | | | | |
| 6 集水坑高水位 | EW | | | | | | | | 1 | | | | | | | | | | | | | | | | * | * | | | | | | | | | | |
| **十. 醫療廢水池·過濾機房 C** | | | | | | | | | | | | | | | | | | | | | | | | | | | | | | | | | | | | |
| 1 循環水泵 | PJ | | | | | | 8 | 8 | | | | | | | | | | | | | | | | | * | * | * | | | | | | | | | |
| 2 過濾水泵 | PJ | | | | | | 3 | 3 | | | | | | | | | | | | | | | | | * | * | * | | | | | | | | | |
| 3 空壓機 | PJ | 1 | | | | | 1 | 1 | | | | | | | | | | | | | | | | | * | * | * | | | | | | | | | |
| 4 送風機 | EJ | 1 | | | | | 1 | 1 | | | | | | | | | | | | | | | | | * | * | * | | | | | | | | | |
| 5 排風機 | EJ | 1 | | | | | 1 | 1 | | | | | | | | | | | | | | | | | * | * | * | | | | | | | | | |
| 6 抽水泵 | EJ | | | | | | 2 | 2 | | | | | | | | | | | | | | | | | * | * | * | | | | | | | | | |
| **十一. 過濾機房 D** | | | | | | | | | | | | | | | | | | | | | | | | | | | | | | | | | | | | |
| 1 過濾水泵 | PY | | | | | | 1 | 1 | | | | | | | | | | | | | | | | | * | * | * | | | | | | | | | |
| 2 空壓機 | PY | | | | | | 1 | 1 | | | | | | | | | | | | | | | | | * | * | * | | | | | | | | | |
| 3 循環水泵 | PY | 2 | | | | | 2 | 2 | | | | | | | | | | | | | | | | | * | * | * | | | | | | | | | |
| 4 送風機 | EY | 1 | | | | | 1 | 1 | | | | | | | | | | | | | | | | | * | * | * | | | | | | | | | |
| 5 排風機 | EY | 1 | | | | | 1 | 1 | | | | | | | | | | | | | | | | | * | * | * | | | | | | | | | |
| 6 抽水泵 | EY | | | | | | | | 1 | | | | | | | | | | | | | | | | * | * | | | | | | | | | | |
| 7 集水坑高水位 | EY | | | | | | | | | | | | | | | | | | | | | | | | | | | | | | | | | | | |
| **十二. 廢棄部** | | | | | | | | | | | | | | | | | | | | | | | | | | | | | | | | | | | | |
| 1 冰水主機 | PGP | 1 | | | | | 1 | 1 | | | | | | | | | | | | | | | | | * | * | * | | | | | | | | | |

　　I/O 表亦即 Input/Output List，是系統規劃人員與施工人員最重要的依據。從 I/O 表中，可以清楚辨認出每個獨立設備在中央監控系統中所會顯示出的訊息，一個 Pump 會在系統中看出它的手/自動狀態、開關狀態、是否產生警報、是否需要保養、累計運轉時間及現在運轉頻率等資訊，而資訊的多寡除了影響操作人員對現場設備的掌握度之外也會影響到工程所需的經費。在規劃 I/O 表時偶而會產生這項功能需不需要表現出來的迷思，答案是肯定的。任何設備所需顯示出來的訊息，都應一一記載在 I/O 表上，才不會產生功能規劃失誤的漏失。

　　I/O 表規劃完成後即可針對點數及系統特性規劃出合適的系統器材表。中央監控中關於器材的選用，有絕大部分來自於功能及經費的考量。以空調監控系統為例，當環境空調需要控制在正負 1%時所選用的器材其花費必定大於正負 5%時所選用的器材。中央監控的另一個設計重點則是所謂的集中或分散式控制。集中控制的優點在於節省器材的花費，並使監控器材集中於同一位置方便工程施做及維護，而分散式控制的優點則是節省管線的費用。在決定工程費用時，必須估算器材及管線的費用並取得平衡，避免因過度節省器材而浪費大量管線，反之亦然。

　　決定了適當的器材之後，則需針對器材規劃結線表及所需使用的線材如表 7-2 所列。結線表裡包含了線號、線色、設備名稱、端子編號及盤端編號，由此可再進一步驗證之前 I/O 表及控制流程是否有所漏失。

表 7-2

GW 工程股份有限公司

結　線　表

| 電纜編號：EL6 | | | | 設備位置：6F | | | TO：DPU06103 |
|---|---|---|---|---|---|---|---|
| 線號 | 端子 | 設備 | 盤端 | 線號 | 端子 | 設備 | 盤端 |
| 13 | 12A，12B | M6B 照明狀況 | A1，A2 | 1 | 0A，0B | M6B 照明啓停 | 3，4 |
| 14 | 13A，13B | EL6 照明狀況 | | 2 | 1A，1B | EL6 照明啓停 | |
| 15 | 14A，14B | EL6 電扶梯-1 狀況 | 5A1，A2 | 3 | 2A，2B | EL6 電扶梯-1 啓停 | 53，54 |
| 16 | 15A，15B | EL6 電扶梯-2 狀況 | 6A1，A2 | 4 | 3A，3B | EL6 電扶梯-2 啓停 | 63，64 |
| 紅，白 | 16A，16B | 6F BTU-1 | | | | | |
| 紅，白 | 17A，17B | 6F BTU-2 | | | | | |

| 電纜編號：M6A | | | | 設備位置：6F | | | TO：DPU04304 |
|---|---|---|---|---|---|---|---|
| 線號 | 端子 | 設備 | 盤端 | 線號 | 端子 | 設備 | 盤端 |
| 13 | 12A，12B | M6A 照明狀況 | A1，A2 | 1 | 0A，0B | M6A 照明啓停 | 3，4 |
| | | | | | | | |

# ▶ 7.2　客戶規範書與圖說識圖要領

　　當系統設計完畢進入報價及發包階段，在報價單上，除了需註明所用器材之數量、品名、廠牌及所需施工費用外，不足之處就靠器材規範來補足說明了。一般報價程序中，為了要對價格有所依據及對所採購的器材品質有所規範，都會明定設計時所用的器材規格及功能說明以免產生工程界所謂同等品的疑慮，嚴謹做法中，甚有將進口報單、出廠證明或檢驗證明做為交貨時一併檢附的條件。而以發包時常見的藍晒圖來說，前述所提有關規範說明等通常都會出現。

　　在一份完整的建築圖裡，均會詳述建築物的外觀尺寸、建材用料、機電設備等相關說明，中央監控系統一般均會歸類於水電及空調圖中。

由於 BMS 強調的是對整體機電及空調系統的整合，因此，跨領域的圖說便無可避免的產生。此時，端賴本身對於系統的熟識而將水電及空調兩大領域做一有效的監控整合。其實，只要把握控制責任介面的區分、各設備盤體內的端子建立、標示線路架構的原則、避開重電影響的管線配置及利用 UPS 供電來避免電源干擾等原則，完整的圖說便由此建立。

現實工程界未必如此完美順利，當遇到本身必須施做已規劃設計完成的中央監控系統時，則會產生自家產品與原始設計系統理念的落差，該如何銜接，是個考驗產品力道的機會。一般來說，類 BMS 系統的設計，在訊號的銜接上，DI 點所接受的乾接點訊號、DO 點所用的 pulse 訊號或利用 Relay 轉接控制、AI 點所接受的 4~20mA 或 0~10V 電壓電流及 AO 點所用的 4~20mA 或 0~10V 電壓電流等訊號均是現行工業界行之有年的標準訊號，這些設備所產生的標準訊號理論上來說，BMS 系統都是可以直接使用的。會產生落差之處，大多是在類 BMS 本身的系統架構上，分散式或集中式控制理念不盡相同、對等控制群或子母型樹狀分布結構也有差異。因此，利用 4000 或 5000 不同系列的控制器搭配 UNO 連接上 Ethernet，便成為無往不利的彈性運用架構了。

表 7-3　材料表

工程名稱：＊＊＊公司中央監控系統工程

| 項次 | 品名規格 | 型號 | 數量 | 單位 |
|---|---|---|---|---|
| 1 | 電腦及 17"螢幕 | | 1 | 台 |
| 2 | A3 警報列表機 | EPSON LQ-2080C | 1 | 台 |
| 3 | UPS 3KVA | | 1 | 式 |
| 4 | 中央監控軟體 EBI 500 點 | | 1 | 式 |
| 5 | 傳輸介面器 | Moxa A52 | 1 | 式 |
| 6 | EBI 軟體及圖形規劃 | | 1 | 式 |
| 7 | DDC 軟體規劃 | | 1 | 式 |
| 8 | DDC 控制器(Excel 100) | | 8 | 台 |
| | (AI*28,AO*16,DI*120,DO*60) | | | |
| 9 | 2001 CONTROL DIAGRAM | | | |
| (1) | 風管型溫溼度計 | Honeywell T7015B1004 | 2 | 只 |
| (2) | 室外型溫溼度計 | Honeywell H7507B1025 | 1 | 只 |
| (3) | 風管型溫度計 | Honeywell T7006E | 2 | 只 |
| (4) | 3"3WAY 閥組 | Honeywell ML7421A+V5329A1087 | 2 | 組 |
| (5) | 1"3WAY 閥組 | Honeywell ML7984+V5013R1081 | 2 | 組 |
| 10 | 2730 CONTROL DIAGRAM | | | |
| (1) | 室內防爆型溫溼度計 | EE30EX | 1 | 只 |
| (2) | 風管型溫度計 | Honeywell T7006E | 1 | 只 |
| (3) | 4"3WAY 閥組 | Honeywell ML7421A+V5015A1151 | 1 | 組 |
| (4) | 1 1/2"3WAY 閥組 | Honeywell ML7984+V5011R1081 | 1 | 組 |
| 11 | 2830 CONTROL DIAGRAM | | | |
| (1) | 室內防爆型溫溼度計 | EE30EX | 1 | 只 |
| (2) | 風管型溫度計 | Honeywell T7006E | 1 | 只 |
| (3) | 4"3WAY 閥組 | Honeywell ML7421A+V5015A1151 | 1 | 組 |
| (4) | 1 1/2"3WAY 閥組 | Honeywell ML7984+V5011R1081 | 1 | 組 |
| 12 | 2630 CONTROL DIAGRAM | | | |
| (1) | 室內防爆型溫溼度計 | EE30EX | 1 | 只 |
| (2) | 風管型溫度計 | Honeywell T7006E | 1 | 只 |
| (3) | 4"3WAY 閥組 | Honeywell ML7421A+V5015A1151 | 1 | 組 |
| (4) | 1 1/2"3WAY 閥組 | Honeywell ML7984+V5011R1081 | 1 | 組 |

# 中央監控-建築物管理系統

報價單

業　　主：　　　　　　　　　　　　　報價號碼：
單位住址：　　　　　　　　　　　　　報價日期：
連　　絡：　　　　　　　　　　　　　報　　價：
工程名稱：AC4049+EF4049+3F 追加(ＡＨ空調箱)　　核　　示：

| 項次 | 品名規格 | 數量 | 單位 | 單價 | 金額 | 備註 |
|---|---|---|---|---|---|---|
| 一 | 4090 CONTROL DIAGRAM | | | | | |
| 1 | DDC Excel 20TW | 1 | 台 | | | XL 20TW |
| | DO*2,DI*4,AI*3,AO*2(不含傳輸介面) | | | | | |
| 2 | 風管型溫度計 | 1 | 只 | | | LF20 |
| 3 | 室內一般型溫溼度計 | 1 | 只 | | | H7012B1007 |
| 4 | 6"3WAY 閥組 PN6 | 1 | 只 | | | V5015A+ML7421B |
| 5 | 3"3WAY 閥組 PN16 | 1 | 只 | | | V5329A+ML7421A |
| 二 | 3 樓空調箱 | | | | | |
| 1 | DDC Excel 20TW | 1 | 台 | | | XL 20TW |
| 2 | DO*1,DI*2,AO*2,AI*2(不含傳輸介面) | | | | | |
| 3 | 室內一般型溫溼度計 | 1 | 只 | | | H7012B1007 |
| 4 | 6KW SCR 控制器 3φ220V 60Hz | 1 | 組 | 業主自理 | | |
| 5 | 3KW SCR 控制器 3φ220V 60Hz | 1 | 組 | 業主自理 | | |
| 三 | | | | | | |
| 1 | DDC 鍵盤 | 1 | 只 | | | 訂製品 |
| 2 | 軟體撰寫費用 DDC | 1 | 式 | | | |
| 3 | 結線工資(含測試) | 1 | 式 | | | |
| 4 | 遠程施工補助 | 1 | 式 | | | |
| | | | | 合計 | | |
| | | | | 稅 5% | | |
| | | | | 總計 | | |

業主簽認：_____

說明：1.　請簽認回傳始完成確認手續
　　　2.　本報價不含配管配線
　　　3.　不連 PC
　　　4.　簽認後貨到 45 天
　　　5.　付款條件：50%現金票，50%二個月期票

# 整合型建築物管理自動化系統規範書

## (中央監控規範書)

GW 實業股份有限公司提供
中華民國 91 年 12 月

# 整合型建築物管理自動化系統規範書
## (中央監控規範書)
## 目　　錄

# 一、規範說明
# 二、系統概述
# 三、系統功能

## 硬體架構

1.　硬體設備功能與規格。
2.　系統工作站中央監控主機。
3.　警報印表機。
4.　網路系統。
5.　功能模組工作站處理機。
6.　數位影像工作站錄影機。
7.　現場控制模組。

## 軟體架構

軟體系統功能與規格。

# 四、系統功能

1.　基本功能。　　　　2.　監視功能。
3.　量測與事件檢出功能。　4.　電力控制功能。
5.　空調控制功能。　　6.　門禁與警備管理。
7.　照明管理。　　　　8.　管理應用。

# 整合型建築物管理自動化系統規範書

## (中央監控規範書)

### 一、規範說明

1. 本工程規範主要目的，在說明本案所採用有關整合型建築物管理自動化系統(以下稱本系統或 BMS)之系統架構方式，及軟、硬體的性能需求及施工準則。

2. 本系統必須為一開放式架構系統，使用操作人機介面軟體必須為"中文化"並能在 WINDOWS 多工作業系統下操作。

3. 本系統結構為可調整式，如增加電腦記憶容量，應用軟體程式，操作人員週邊設備及現場硬體設備等能力，監控點可予以擴充，並須預留 10%之監控點容量。

4. 本工程承包商需依據本系統規範書及圖說要求，設計符合規範且完整之控制系統，於施工前逐項提送建築師及監造單位審查。

5. 本工程承包商應於完工驗收前，製作竣工圖說、操作手冊及保養手冊，並提供業主操作人員及技術人員之教育訓練課程。

### 二、系統概述

1. 本系統是以電腦應用及網路通信技術為基礎，結合數位化設備自動控制單元與資料收集介面以及數位化影像監視機制。

2. 於建築物管控中心，由電腦人機介面隨時掌握建築物內各種機電設備運作、及人員與車輛進出、區域環境與安全等狀況。

3. 藉由設備遠端控制與預約控制管理及設備連動控制等自動化功能，提高建築物管理效率；於設備異常或緊急安全狀況發生時及早發現與立即處理防止災害損失擴大；管制中心收集系統資料並紀錄設備運轉以及人車進出數據作為大樓管理報表與數據分析，改善大樓管理。

4. 本系統可有效的整合管理大樓機電設備運轉、人員車輛進出與安全警備以及影像監視，各子系統間功能的連動控制與整合管理，提高系統價值與投資效益；減少人力成本、節約能源、設備運轉維護、災害發生的防止等等系統管理效果，快速的達到投資回收。

# 三、系統構成

## 硬體架構

1. 基本上由一部中央監控主機及數部自動化功能模組單元，以乙太網路構成的監控系統，於自動化功能模組單元，依照大樓設備與管理點位置配置智慧型數位與資料收集介面，以雙絞線多點通信網路構成完整系統（詳系統架構圖）。

2. 乙太網路之中控主機與各自動化功能模組間通信，採用全雙工廣播與點對點通信方式，當自動化功能模組發生事件時，可以廣播方式向全體系統發出通信，其他功能模組可不透過主機命令，立即處理事件連動控制，以提高系統事件反應速度及可靠度。

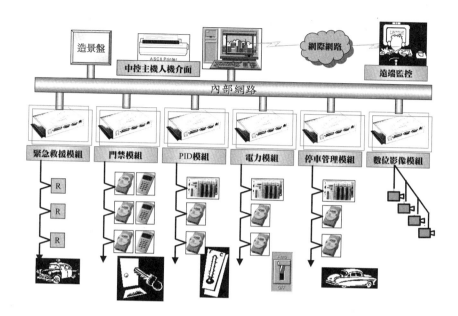

系統架構圖

## 硬體設備功能與規格

系統工作站中央監控主機

1.　採用 Intel Pentium IV 1.6GHz 以上高速 CPU 內建 512K 以上 ECC Cache。

2.　隨機含 256MB 以上 ECC SDRAM DIMM。

3.　一組容量至少為 40GB 之硬式磁碟機。

4.　VGA Card 含 1MB Video RAM 解析度達 1024x768 256 色。

5.　17"TFT LCD 彩色螢幕。

6.　智慧型自動偵測 10/100Mbps 高速乙太網路卡 含 RJ45 接頭。

7.　含一部 1.44MB 軟式磁碟機及一部 50 倍速 CD-ROM。

8.　含兩個串列埠一個並列埠 PS/2 Mouse 連接埠及鍵盤連接埠。

9.　300W 以上電源供應器。

10.　支援 WINDOWS 2000 NT 之作業系統。

警報印表機

1. 具 24 印字針頭以點矩陣撞擊式列印並具雙向列印能力。

2. 中文字型內含至少有國家標準交換碼 BIG-5 碼。

3. 在信件品質時的列印速度至少每秒 100 個英數字元或每秒 60 個中文字元。

4. 印字緩衝器至少 32K 位元組。

5. 印字寬度至少 13.6 吋。

網路系統

1. 伺服器與系統工作站中央監控主機均透過區域網路相聯接。

2. 區域網路規格以 ETHERNET 為網路系統並符合 IEEE802.3 通信規定。

3. 資料傳輸速率為 10/100Mbps。

4. 系統工作站中央監控主機與功能模組工作站處理機之間的通訊介面為乙太網路且傳輸速度必須高於(含)10/100Mbps。

功能模組工作站處理機

1. 本處理機必須為一個 Stand-Alone 型之監控處理機，即使中央電腦主機當機時亦能獨立運轉作業。

2. 可內建各種功能模組之應用程式，為一個直接數位式控制之設備

3. CPU 必須為 32 位元且處理速度為 300MHz。

4. 需提供有 VGA/Keyboard/Mouse 連接埠。

5. 必須為多工處理系統。

6. 4 組 RS485/232 自動選擇連接埠。

7. 提供一組 10/100Base-T RJ-45 網路傳輸埠。

數位影像工作站錄影機

1. NTSC/EIA 或 PAL/CCIR(自動轉換)影像格式。

2. 4 組彩色及黑白攝影機輸入點 1 組 VGA 監測輸出。

3. JPEG 和 MPEG-1 格式影像壓縮。

4. 352x240(NTSC)或 352X288(PAL)影像解析度。

5. 4 點警報輸入，4 點警報輸出，2 組 Ethernet 埠，1 組 RS-232，1 組 RS232/485，2 組 USB。

6. 16x12 矩陣點物體移動偵測為可設定區域及偵測區域。

7. 具有影像訊號遺失偵測，事件紀錄，系統自動啟動功能。

8. 可即時動態顯示，影像紀錄及播放。

9. 內建 40GB 熱插拔式硬碟。

10. 事件前(0~5 秒)後(5 秒~60 分)警報預錄功能。

11. 錄影及播放速度可達 30/25fps(NTSC/PAL)。

12. 具有透過電子郵件作事件通知及預警功能。

13. 透過標準瀏覽器可作遠端影像擷取。

現場控制模組

1. 須為 RS-485 (2-Wire) To Host 之通訊介面。

2. 網路傳輸速度需為 1200，2400，4800，9600，19200，38400，57600，115200 bps 可調整式。

3. 網路傳輸長度為 4000 呎( 1.2 公里)。

4. 具有電源及網路傳輸 LED 狀態指示燈。

5. 模組允許工作環境溫度 —10℃ ~ 70℃。

6.   模組允許工作環境濕度　5%　~95%。

7.   模組允許儲存環境溫度　-25℃ ~ 85℃。

8.   ASCII command/response protocol。

9.   Communication error checking with checksum。

10.  Asynchronous data format：1 start bit，8data bit，1stop bit，no parity。

11.  Up to 256 multidrop modules per serial port。

12.  Online module insertion and removal。

## 軟體架構

1.   需能提供完整的系統資料庫與人機介面設計環境與工具，可依照各建築物管理需要，快速的建立屬於各建築物的管理系統，自動化功能模組單元，並可於事後隨時增加或變更管理功能。

2.   各自動化功能模組單元，採取分散資料庫自行運算處理，可分擔中央監控主機運算負荷，提高系統整體運算與反應速度，並於中控主機關機或系統通信異常時不致造成全面停擺，達到系統故障風險分散。

3.   系統資料作業須為採取資料集中建檔管理及直接線上下載方式，例如人員發卡或卡片更換，或變更人員進出管制資料時，只於管理中心設定，一次下載操作則所有門禁管理功能模組自動資料更新，以提高管理效率與資料正確性。

4.   系統操作安全採取六種不同的操作等級，不同操作等級不同的操作權限，以確保系統資料與運作安全；於管理運用提供標準的資料庫格式，可容易的轉換為客戶所需要的管理報表與資料處理。

5. 中控主機負責系統全體資料庫之管理、系統操作人員之權限安全管理，以及透過網際網路監控之安全管理、網路通信與工作站之管理、工作站無法處理的自動化功能如群組設備自動化控制。

6. 各工作站於獲得中控主機之設備組態與人員門禁以及事件連動與預約控制等管理資料後，即能獨立運作，處理設備 I/O 介面輸入與輸出、發佈設備或人員門禁事件、處理事件連動控制及設備預約控制，而不受網路無法通信及中控主機當機的影響。

7. 事件是由工作站主動的以全體系統廣播方式發佈事件訊息，各工作站直接依照事件內容與事件連動控制的設定直接控制指定設備之開停以及變更設備參數。

8. 工作站所發佈的事件由中控主機回應，如中控主機無法回應，則將事件保存於工作站不揮發性記憶體，於中控主機或網路恢復正常時，全部輸出到中控主機，作復原處理。

9. 中控主機監視操作者對設備的控制，如一段時間，所控制的設備未作出回應時，自動發出控制失敗訊息通知管理者。

軟體系統功能與規格

| 軟體系統 | 功能摘要 | 管理規格 |
|---|---|---|
| 中央監控主機<br>人機介面工作站 | 系統資料庫伺服器<br>系統操作登入安全管制<br>系統資料通信管理<br>系統功能模組工作站<br>圖形人機介面 | 最大設備管理 4,096 設備<br>最大人員管理　　2,000 人<br>最大工作站　　　　128 台 |
| 機電設備管理工作站 | 設備監視與控制<br>事件連動控制<br>設備預約管理控制<br>設備數值偵測紀錄 | 最大設備管理　　128 設備<br>最大 I/O 模組　　62 組 |

| | | | |
|---|---|---|---|
| PID 數位處理工作站 | PID 設備監視與控制<br>事件連動控制<br>設備預約管理控制<br>設備數值偵測紀錄<br>內部 I/O 高速 PID 處理<br>外部 I/O 環境 PID 處理<br>最佳溫度控制管理 | 最大設備管理<br>高速取樣速度<br>環境 PID 取樣<br>精度 ±1 % | 32 設備<br>200 ms<br>2 秒 |
| 電力設備管理工作站 | Modbus 集合電表取樣<br>契約容量監視管理<br>功率因數監視控制<br>停電復電控制管理<br>事件連動控制<br>設備預約管理控制<br>設備數值偵測紀錄 | 最大設備管理 | 128 設備 |
| 停車場管理工作站 | 閘道進出管制<br>燈號控制<br>事件連動控制 | 最大閘道管理<br>最大車輛管理 | 4 閘道<br>2,000 人車 |
| 門禁管理工作站 | 個別或集合門禁管理<br>事件連動控制<br>人員進出管理<br>區域安全警備 | 最大集合管理<br>最大人員管理<br>最大房間管理<br>最大組別管理 | 64 門<br>2,000 人<br>16 間<br>200 組 |
| 網路攝影機 | 影像紀錄儲存<br>事件影像連動控制<br>即時影像撥放<br>紀錄影像撥放 | 最大 CCD | 4 台 |

# 四、系統功能

## 1.　基本功能

| 功能 | 功能概要 |
|---|---|
| 系統保密 | 提供四操作等級密碼 login 以確保系統安全。 |
| 設備管理方式 | 一般設備以設備為管理單位，門禁及警備以房間及區域作為管理單位，每個單位賦予唯一編號；每種編號不分種類具有相同的信號內容。 |
| 基本文字 | User 可以選擇信號 On/Off 狀態及量測單位之文字顯示。 |
| 基本操作 | 依據不同 Login 等級有不同的操作及資料存取設定權限。 |
| 複數控制優先順位 | 同一個設備可以有兩種以上之自動控制功能，以優先順序決定自動控制之條件。 |
| 紀錄項目 | 當設備運轉狀態改變或管理者圖控控制及設備發生異常或故障時自動紀錄。 |
| 功能抑制 | 當設備正進行保養維修時，為了要防止無效的警訊以及錯誤的自動控制，因此由管理人員暫時將相關的設備管理點之監視、警訊及控制功能暫時的切離。 |
| 復合控制設定 | 可以由復合功能設定來達成無法由單一功能來達成之特殊控制目的。 |
| 事件緊急度設定 | 由管理者自行規劃及設定每個事件之四種緊急程度，以及設定事件無人處理時之緊急發報對象。 |
| 管理項目設定 | 管理者可設定管理項目表項目。 |
| 管理項目查詢 | 提供可由樓層、監控項目、管理編號、名稱等查詢管理項目之方法，以便管理者設定及管理設備。 |
| 線上操作說明 | 提供中文化的線上說明以幫助管理者了解系統操作及記號意義。 |

## 2. 監視功能

| 功能 | 功能概要 |
|---|---|
| 設備狀態監視 | 於畫面上即時的顯示各種設備運轉狀態、與數值偵測,當設備異常或故障時可自動切換到該設備所在之畫面。 |
| 警備狀態監視 | 於畫面上即時的顯示房間、通道、區域等警備及警備中侵入狀態。 |
| 趨勢圖 | 管理者可指定 AI/PI 量測點,以固定週期紀錄量測值,於畫面以顏色顯示時間與數值之曲線圖。 |
| 警訊監視與紀錄和查詢 | 設備故障時,於畫面顯示訊息及印表,並且記錄事件於檔案,提供事件歷史資料查詢。 |

## 3. 量測與事件檢出功能

| 功能 | 功能概要 |
|---|---|
| 量測監視 | 對於電流、電壓、溫度等線性量之偵測,提供數據監視紀錄以及提供上下限檢出。 |
| 上下限監視 | 管理者可指定設備量測點如電流、電壓、溫度等設定上下限值,於量測點超出所設定之上下限值自動發出警訊,並可配合事件處理自動控制及發報。 |
| 計數監視 | 對於用電量,水量等以 Pulse 方式之信號累計計數,以作為監視及上限檢出用。 |
| 計數之上限監視 | 管理者可指定 PI 點設定上限值,於超過上限值時發出警訊或執行指定的事件處理。 |
| 遙控失敗警示 | 於圖控操作個別設備開停控制,如遙控失敗時於畫面上顯示訊息及紀錄遙控失敗。 |
| 自動控制失敗警示 | 網路控制器及 WS 之自動控制運算不一致時,於畫面上顯示訊息及紀錄自動控制失敗。 |
| 運轉時間累計及上限監視 | 管理者可指定設備,對該設備之運轉時間累計監視,並可設定其上限值,於累計運轉時間達到上限值時自動發出警訊或提醒設備保養。 |

| 啓動次數累計及上限監視 | 管理者可指定設備，對該設備之啓動與停止累計監視，並可設定其上限值，於累計次數達到上限值時自動發出警訊或提醒設備保養。 |
|---|---|
| 偏差值監視 | 於計測監視之數據、超出管理者設定的目標偏差值時發出警報 |

## 4.　電力控制功能

| 功能 | 功能概要 |
|---|---|
| 契約容量控制 | 由 MOF 電量表累計目前用電量，預測一定週期後之累計電量是否會超過契約容量，於所定的上限值時發出警報，也可依照管理者所設定的兩階段的卸載程序，降低使用電量。 |
| 功率因數改善 | 由電力受電總盤檢測目前功率因數，並自動加入或切離進相電容器。 |
| 停電控制 | 停電時使用緊急供電，由管理者規劃用電優先度，順次供給電力。 |
| 復電控制 | 電源恢復時，對於指定的設備自動恢復停電前之運轉狀態 |

## 5.　空調控制功能

| 功能 | 功能概要 |
|---|---|
| 最佳預冷預熱控制 | 依照房間及區域事先設定開始使用時間，室溫超過所定值時自動提前起動空調系統。 |
| 多夏季切換 | 遠方設定冷房及暖房時各空調設備之冷熱水開關。 |
| 外氣冷房控制 | 量測室外之露點溫度，當外部溫度低於室內溫度時，開啓風門取入外部空氣進入房間。 |
| 間歇運轉 | 於使用時間對於空調主機施以事先設定之開停週期運轉。 |

6. 門禁與警備管理

| 功能 | 功能概要 |
|---|---|
| 身分識別 | 提供磁卡、非接觸卡、指紋辨識等身分識別設備,達到一卡通用目的。 |
| 管理者及管理權限設定 | 可設定管理者 Login Name/Password 及各種管理操作權限。 |
| 警備警訊設定 | 於監控畫面可對於房間及區域設定警備事件發生時是否發出警訊。 |
| 警備警訊抑制 | 於監控畫面可個別對於房間及區域之侵入、長時間門開、電氣鎖故障、門異常、密碼不合等檢出時是否發出警訊。 |
| 房間資料設定 | 可對於房間及區域設定名稱、所屬單位、BAS 管理編號、警備連動設備指定、電梯 Floor Lockout 指定。 |
| 警備警訊影像擷取指定 | 於監控畫面可對於房間及區域設定侵入檢出時指定 CCD 影像擷取顯示。 |
| 個人門禁管理設定 | 於 WS 設定的個人所屬單位、允許出入房間、出入許可時間、有效期限等管理資料,並直接 Down Load 到相關的網路控制器。 |
| 連動開鎖設定 | 可指定房間,設定 BAS 連動開鎖之管理編號。 |
| 時間開鎖設定 | 可指定房間於指定的時間範圍自動開鎖。 |
| 門禁設備設定 | 設定門禁之出入管制方法、讀卡機種類、識別碼辨識內容、門鎖種類、出入資料是否上傳、遠方開鎖信號 Pulse 寬度、長時間開鎖異常檢出時間、管制抑制、ITV 連動控制等設定。 |
| 身分識別卡設定發行與管理 | 新卡發行或卡片遺失再發行,設定卡片資料,個人資料登錄及製作卡片。 |
| 自動警備設定及解除 | 由身分識別裝置操作,自動解除或進入警備,於進入警備前自動檢測侵入檢出迴路之正常與確實。 |
| 門鎖上下鎖遙控 | 指定的房間或全部房間暫時或連續的解鎖及上鎖。 |
| 出入履歷資料 | 個人進出管制房間,紀錄個人進出時間,並保存 10 萬筆資料作為日後查詢。 |
| 警備巡邏 | 巡邏員利用設置於各處讀卡機,開始巡邏時輸入特定的密碼,依照特定路線於各站檢視狀況刷卡完成巡邏動作。 |

## 7.　照明管理

| 功能 | 功能概要 |
|---|---|
| 彈性空間照明控制 | 將房間之平面空間分成 Block、Area、Group、Unit 等單位，管理者可定義最多 64 組照明開關之對應控制範圍，當平面空間變更時，可以重新設定開關控制範圍，而達到彈性空間照明控制之目的。 |
| 緊急電源供電時照明控制 | 於照明管理系統，可以由組態表設定，當緊急供電時，指定的燈具強制點燈，其他燈具熄燈。 |
| 日光能源節約照明控制 | 白天依日光亮度，將靠近窗邊之照明不點燈以節約能源，而此控制範圍可以由管理員設定。 |
| 事件發報 | 管理者可於管理項目表中指定設備及警備於發生異常或緊急事件時透過發報主機，自動向保全或設備維修中心發報。 |
| 管理員呼叫 | 當管理員不在時，於系統發生警訊時，自動向管理員之呼叫器或手機撥號傳達訊息。 |
| 設備管理日月報 | 對於管理上需要每日與每月之報表，於指定的時間將計測數據印出報表，內容有能源管理報告，設備運轉管理報告，水電瓦斯用量報告等。 |

## 8.　管理應用

| 設備維修管理報表 | 管理者可指定設備對於設備運轉累計時數、啟動次數、故障累計次數、定期保養等條件設定，列印設備保養通知。 |
|---|---|
| 能源水電用量計價報表 | 管理者可規劃用戶之能源水電用量統計，及設定單價，於指定時間列印計價收費報表。 |

# 工程名稱: 台中市＊＊國小監視系統工程

## 一、工程概述:

1-1 本工程為輔助校區管理人員能有效並迅速掌握校區各出入口即時狀況,在各重要場所處裝置監視攝影機,以監控校內人員活動安全狀況,並藉由<u>數位式影像監控系統儲存設備</u>,儲存資料供日後查詢。本工程系統為全天候監控,為求日間及夜間獲取較佳影像,本系統重要場所採用彩色低照度高解析攝影機,<u>並具強光抑制功能,可清楚辨識人員進出。</u>

1-2 <u>數位式影像監控系統</u>,應備有監視即時系統,管理者權限等級、遠端瀏覽、遠端 IE 監控之功能,畫面可依需求做不同顯示界面,諸多功能,以便管理者有效管理,主系統應備有日後升級加強功能的條件。(規格如附規範一)

1-3 因應監視場所不同全天候監視的光源不一,能更有效辨識環境、人員及移動之物體,架設之攝影機須具有彩色低照度、高解析各項功能,並可搭配必要之自動光圈鏡頭或架設彩色半球型之機種、架設器材需具備防破壞功能及搭配有利之周邊產品設備,以達到最好的監視效果。(規格如附規範二)

1-4 攝影機安裝的位置須由廠商於安裝前至現場實際勘察,配合光度與距離,選擇最佳的角度與鏡頭組合,以求得最佳涵蓋範圍及影像。

# 台中市＊＊國小監視系統工程採購投標須知：

一、本案採購適用政府採購法(簡稱採購法)及主辦單位訂定之規定。

二、廠商資格：公司行號需實際運作五年(含以上)。

三、本案工程合約簽訂認可後可於 45 個工作天完工。

四、本工程設備內容以本規範為主。

五、本工程設備內容以本標單設備規範為主，經審核有不符合規定者，不予開標。

六、投標廠商投標時須檢附設備規範內要求附型錄項目之正版型錄，且須於型錄上與規範相符處註明編號，並用螢光色筆標示以便審查，如為外文資料應加註中文翻譯，若未依上述規定則不予審查。

七、得標廠商需檢附設備規範項目之型錄以及施工、器材等報價供貴醫院審查。

八、為確保本工程之施工品質及效果，得標廠商須於交貨施工前，依其審查時所提供之設備型錄，提供器材樣品與相關合格之證明文件，經醫院審查人員審核無異後，即可交貨安裝施工。

九、設備規範內容旨在說明設備功能，得標廠商須依照系統整體操作之原則，並確實證明能符合本系統功能規範之要求，倘若規範未詳載但為整套系統運作所需之任何設備、材料或服務，均由得標廠商負責提供，並不據以作為增加費用之要求。

十、測試及驗收可依本工程要求之功能，逐項檢驗。

十一、本工程自驗收日起，除天災人為因素外，免費保固　　年。

十二、本工程得由得標廠商提撥本次工程得標之總金額百分之三，作為
　　　原始台中市維新醫院安全監視系統之規劃設計費用。

十三、軟體授權：

　　　　軟體為智慧財產受智慧財產權所保護，承包商確保所提供有關
本工程之軟體皆為原廠授權使用之軟體，在提供軟體之廠商交貨
前，有必要由甲方(業主或使用單位)，可提供軟體之廠商，須由雙
方簽定軟體專用之同意書，以防止糾紛產生。

內容如下：

1.　軟體只限於本規範及所提供之設備使用。

2.　嚴禁複製、保持機密、嚴禁轉交第三者。

3.　為防止仿冒、違法、侵權之行為，得標廠商必須檢附原廠證明
　　及智慧財產局已經核准有關數位監控系統之專利權的授權使用
　　證明。

# 台中市＊＊國小監視系統工程

## 系統設備規範：數位影像監錄主機

## 軟體規範

一、攝影機輸入頻道：1-16 支頻道 NTSC / PAL 彩色或黑白混合輸入。

二、顯示速度：480 影幅 (含)以上。

三、錄影速度：240 影幅 (含)以上。(每一個鏡頭可自行調整錄影影幅數)

四、壓縮模式：須具備最新 WAVELVE 壓縮技術。

五、錄存解析度：320*240、640*240、640*480Pixels

六、畫面調整：可各別自行調整設定：明暗、鮮艷度、飽和度。

七、畫面分割：可全畫面、四、九、十、十三、十六、十七、等分割畫面。

八、自動循環錄影：可指定硬碟設定剩餘容量 MB，系統會自動刪除最舊之系統檔案並循環錄影。

九、錄影模式：一般正常錄影模式、影像位移錄影模式、一般正常與影像位移混合錄影模式 可節省硬碟空間 預約排程錄影模式。

十、預約錄影：各攝影機可個別預約設定作業時間及個別功能包含、監看錄影功能、偵測錄影功能、事件觸發錄影功能。

十一、位移偵測：可依環境靈敏度的設定及區域設定，16 支攝影機皆可各個別手動設定排程時間。

十二、軟體保護：

  (a) 可直接於監控軟體中，啟用各單位對外遠端所保護的通訊連接埠，以防止駭客入侵。

  (b) 監控主機提供密碼權限管理30組 (含)以上( 監視員權限管理 )。

十三、PTZ 控制：可操作迴轉台上下左右、鏡頭放大縮小、焦距及光圈調整功能。亦可搭配全功能攝影機做預設點 10 點以上控制。

十四、攝影機標示：系統在每一路攝影機中文名稱標示上，均可手動各別調整名稱文字大小及搭配文字顏色最少三種以上。

十五、斷訊警報：攝影機訊號斷訊或 db 值不符時具有警報聲音輸出告知，並可同時傳遞一次最少 15 秒 AVI 影像檔之 e-mail 至遠端電腦。

十六、備份功能：AVI 檔，均標示攝像機位置日期、時間。

十七、防偽功能： Watermark (浮水印)，具備查驗轉存的圖片是否被塗改。

十八、自我檢測功能：執行自我檢測重整可設定時間執行。

十九、斷電回復：智慧型監控主機在供電斷電回復後，不需經人操作即可自動喚醒監控主機，並立即回復到原來的監控錄影狀態。

二十、分割畫面及跳台設定：1-16 路可自由設定分割劃面顯示及自動跳台秒數、可手動自行設定秒數長短。

二十一、時程規劃能力：

  (a) 本系統允許依據時間、日期自動切換錄影之運作方式。

  (b) 時程規劃可依每天來設定。

  (c) 可手動自行設定秒數長短。

二十二、錄音功能：提供錄音同步撥放功能。

二十三、事件管理：

1、　位移觸發或斷訊時可傳 E-MAIL 訊息及影像每次警報之 AVI 檔給指定單位告知。

2、　位移觸發時可即時將影像傳至指定的電腦上即時顯像連續動態與主機同步。

3、　可記錄每次系統開關時間及觸發錄影檔及影像，並且任一攝影機可單獨根據系統狀況及事件種類，發生時間做全部資料搜尋歸類。

4、　事件記錄可依實際需要做容量上的調整。

5、　事件通知可依 E-MAIL、行動電話、電話可個別任意設定通報時間區段。

6、　當事件觸發時可預錄觸發前 10 秒往後 300 秒 (含)以上。

7、　事件排程可自行設定編定時間。

二十四、放影功能：

1、　16 支攝影機在同一畫面同時同分同秒播放並可做停格、快前轉、快後轉、倒轉等功能，電腦可轉檔 AVI 動態影像檔、JPG 圖像檔。

2、　回放速度可以 2、 4、 6、 8、 10 倍速度回放。

3、　遠端電腦可回放本地伺服器影像檔。

4、　遠端電腦可資料備份。

5、　遠端電腦可轉檔 AVI 動態影像檔、JPG 圖像檔。

6、　可連線錄影主機並做歷史影像播放，可遠端轉存 BMP、JPG 或 AVI 檔。

二十五、備份功能：可使用 HDD、CDR/W 、DAT、 MO、 ZIP、 RAID 等多種裝置自動或手動備份,亦可針對所需影像片段做儲存。

二十六、遠端 IE 及副控:

1、 藉 ADSL.PSTN.ISDN.TCP/IP 可於遠端行使監看/搜尋/控制/設定功能。

2、 具 WEB 功能,遠端監看可藉由 IE 直接瀏覽,無須安裝任何軟體。

3、 遠端可回放 8 組不同 IP 影像在同一畫面。

4、 IE 瀏覽即時畫面、可標示日期、時間。

5、 遠端軟體連線時、當主機端停(斷)電時,俟復電後自動復歸連線,不需經人操作即可自動喚醒,無須手動連線。

6、 IE Browser 瀏覽可直接控制 PTZ 無須輸入任何軟體。

7、 遠端副控程式可預設多部主機 IP 位址、自設群組於同一畫面監看。

8、 每部監控主機可接收 DVR 所傳送之資料,可同時連線監看、控制 16 支攝影機。

二十七、遠端控制:可使用遠端電腦全功能控制監控主機內的設定功能。

二十八、遠端播放:可多人使用遠端電腦瀏覽即時畫面或錄影資料。非常態性監視電腦)。

二十九、遠端權限:

(a) 使用者可依層級設定權限制、每支攝影機可個別設定(設定/控制及畫面隱藏)。

(b) 遠端使用者登入人員可依實際需要增加,最少為 30 人 (含)以上。

三十、 得標後交貨時須檢附原廠出廠證明。(如為進口品則須檢附進口報單、代理商授權證明)。

## 硬體規範

一、中央處理器：Pentium 4　2 . 4 BG 以上。

二、主機板：需 Intel 845 晶片組。

三、主記憶體：DDR333 512MB 以上。

四、顯示卡：視窗加速功能 AGP 64MB DDR(含)以上，可支援
　　1280*1024。

五、機殼：4U 工業型機殼。

六、電源供應器：雙風扇安規 500W POWER (含)以上。

七、儲存裝置：須含 240GB 以上硬式磁碟機。

八、OS：可支援 WIN 2000 及 WIN XP。

九、備份裝置：52x 燒錄機(含以上)。

十、WIN 2000 或 WIN XP 系統作業軟體(原版)。

## 系統設備規範：彩色攝影機

全天候高解析彩色日夜兩用攝影機：

2-1　感測元件：1/2 或 1/3 吋 SENSOR。

2-2　有效圖素：NTSC　811(H) x 508(V)。

2-3　影像解析：水平 500TV Lines（含）以上。

2-4　雜訊比：50dB，62db(Option0)（含）以上。

2-5　同步方式：lnternal/電源同步。

2-6　紅外線感光範圍：200nm~1200nm 波長（含）以上。

2-7　最低照度：0.001Lux (F1.2)。

2-8　自動光圈方式：DC/VIDEO Servo、具 LEVEL 調整功能。

2-9　視頻輸出：1Vpp Composite Output.75ohms。

2-10 自動白平衡 感測色溫範圍 2500°K to 9500°K。

2-11 自動增益 36dB（含）以上。

2-12 電子快門：AUTO.1/60 ～ 1/100000 sec。

2-13 工作電壓：AC24V。

2-14 得標後交貨時需檢附工業研究院(光電所)之檢驗證明書(總圖素、解析度，最低照度)。

## 系統設備規範：自動光圈鏡頭

自動光圈鏡頭：

3-1 取像格式：1/2 或 1/3 吋。

3-2 焦距範圍：依現場實際需求調整。

3-3 光圈範圍：F1 . 2 ～(最小光圈範圍不得高於 F1 . 2)。

3-4 光圈控制：Video 或 DC 伺服自動控制。

3-5 鏡頭口徑：C 或 CS 型接頭。

固定光圈鏡頭：

4-1 取像格式：1/2 或 1/3 吋。

4-2 焦距範圍：依現場實際需求調整。

4-3 光圈範圍：F1 . 2 ～(最小光圈範圍不得高於 F1 . 2)。

4-4 鏡頭口徑：C 或 CS 型接頭。

## 系統設備規範：攝影機防護罩

攝影機防護罩：

5-1 可裝置攝影機及鏡頭。

5-2 尺寸：370 (L) × 160 (W)。

5-3 電源：AC 24V、AC 110V、AC 220V。

5-4 重量：1.8 公斤(含)以下。

# 出 廠 證 明 書

　　茲證明使用於 ＊＊＊＊ 之下列產品，證實為本公司生產製造並經檢驗合格，列述項目如下：

品名：訊號轉換器　　　　型號：Transio A52　　　數量：一只

案名：＊＊＊＊ 辦公大樓中央監控系統工程

　　　公　司：＊＊＊科技股份有限公司

　　　負責人：＊＊＊

　　　地　址：台北縣 ＊＊＊＊＊＊＊＊

　　　電　話：＊＊＊＊＊＊＊＊

中　華　民　國　九十年　十二月　十八日

# 經 銷 商 證 明 書

資證明:

| 公司全銜 | ＊＊電腦資訊有限公司 |
|---|---|
| 法定代理人 | ＊＊＊ |
| 統一編號 | ＊＊＊＊＊＊＊＊ |
| 地址 | 台中市南屯區＊＊＊＊＊＊＊＊ |

經本公司同意,為本公司下列產品之非獨家經銷商:

> LEO 之電腦網路主,Persica 3500 系列,同廠牌顯示器、電源供應器、鍵盤、作業系統 MS-DOS 6.X 版,WINDOWS 9X 及更新版等,LEO DESIGNOTE 系列筆記型電腦

案別

| ＊＊＊辦公大樓自動化系統工程 |
|---|

備註:

1. 本證明書有效期限自 90 年 10 月 22 日至 91 年 10 月 21 日止。
2. 本證明書僅作投資抵減證明之用,若移作其它用途或證明,非經本公司事先書面之認可,本公司概不承認。
3. 本證明書以殯無效。

立證明書人:＊＊電腦資訊有限公司

負 責 人 :＊＊＊

出 具 日 期:中華民國 90 年 12 月 11 日

# 授權經銷證明書

　　立證明書人＊＊國際股份有限公司(以下簡稱本公司)，茲證明 ＊＊國際有限公司為本公司之經銷商，有權銷售本公司所代理之 EPSON 產品，若該公司因故無法提供維修服務或結束營業時，本公司將負責本案該產品之一年保固後續維護工作，惟保固期滿之維修得酌收維護費用(不含現場維修及軟體服務)。

　　此致：　＊＊＊　辦公大樓中央監控系統工程

　　產品：EPSON 2180C

　　立證明書人：＊＊國際股份有限公司

　　代　表　人：＊＊＊

　　地　　　址：台北市 ＊＊＊＊＊＊＊

　　中華民國　九十一　年　一　月　二十五　日

# ▶ 7.3　管理項目表設計要領

　　在工程運作中，如何有效的掌握施工進度、樽結成本、縮短工時、調度人力及掌握品質，ISO 9001 及 9002 中均有詳細規範。在一般實務中會運用到的表格有下列幾項：

　　施工日程表或進度表、品管人員登錄表、監工日報表、進貨單及工程聯絡單等。

　　各類型表格每家公司均有不同格式，大體來說均會包含工程名稱、施工人員、日期、項目、數量及事由等等人、事、時、地、物的要件，來記錄在工程進行中所發生的大小事，方便事前的管理規劃及事後的補救追查。

| WBS Code： | 1.1 |
|---|---|
| WBS Description： | 專案主要進度計劃的準備作業 Overview (PIPO) |

## 工作/檢查/確認需求：

1. 標明和更新管制文件的記錄－相關標單圖說表，合約和規範，合約部份的信函/文件，主時程。

2. 審查合約文件。

3. 準備專案主要進度計劃。

4. 如有需要，呈送專案主要進度計劃予以客戶審核。

5. 每月定期審查專案主要進度計劃去規劃採取因應措施以致能完工日內達成目標。

| WBS Code： | 1.2 |
|---|---|
| **WBS Description：** | **設備選擇** |

### 工作/檢查/確認需求：

1. 依據合約之要求去了解所選設備的特性和它的應用及符合程度。

2. 如有需要，設備估量。

3. 預估設備成本。

4. 選擇設備。

5. 如有需要，要求供應商提供樣品。

| WBS Code： | **1.3** |
|---|---|
| WBS Description： | **落實業務和工程間的協議** |

## 工作/檢查/確認需求：

1. 討論有關的問題點，風險因素，業務預估和合約條款以取得業務部門和工程部門之間的協議。

2. 業務人員須負責追蹤並取得客戶定單 / 合約。

3. 業務人員須負責在採購草約和定單上差異的額外的定單 (包括追加或追減)，除非另有規定則另行辦理。

4. 當接獲客戶定單時，則需完成送審後方得採購設備，除非獲得工程部門經理簽核。

5. 工程部門負責處理送審事宜給客戶簽認。

| WBS Code： | 2.1 |
|---|---|
| **WBS Description：** | **規範研究與系統正確性** |

**工作/檢查/確認需求：**

1.　檢閱下列設計需求，以確保系統的適當性與正確性：

　　a.　客戶的需求(如合約，規範，圖面等)。

　　b.　符合國/內全球性的標準等。

　　c.　符合法令上 / 環境的規範。

　　d.　可取代性的設計規劃。

2.　確認任何的爭議及不正確處，並在可能情況下，提出取代性的設計方案洽客戶。

3.　在客戶的承諾後，可修正設計資料。

4.　在重要的設計範圍及參數，必須以書面文字記錄。

| WBS Code： | 2.2 |
|---|---|
| WBS Description： | 現場圖面 |

**工作/檢查/確認需求：**

依據規範需求，準備下列資料：

1.　系統架構圖。

2.　昇位圖。

3.　樓層規劃圖。

| WBS Code： | 2.3.1 |
|---|---|
| WBS Description： | 設計審核 / 確認 / 批准 |

**工作/檢查/確認需求：**

1. 內部設計審核及討論

   a. 設計工作必須作交叉檢查，並由指定的合格專案主任做確認。

   b. 如果需要，可邀請相關廠商參加。

   c. 確認並批准依規範設計之系統，包括接受的規則及重要的功能特性。

   d. 圖面 / 文件的簽名以表示正確 / 接受。

   e. 如果需要，依結論修正設計規劃，並由 (a) 重新開。

2. 依據合約要求提交客戶作核備。

3. 監督設計直至實際成為止。

4. 如果需要，製作完整圖面。

5. 監督設計到保固 / 維護期滿為止。

| WBS Code： | 2.4.1 |
|---|---|
| **WBS Description：** | **提交時程表以供核准** |

## 工作/檢查/確認需求：

1. 提交專案時程表給客戶。

2. 參加客戶要求的會議。

3. 回覆客戶的查詢。

4. 檢視客戶的意見。

5. 如果需要，重提設計規劃給客戶。

6. 檢視並追蹤直到客戶核准／同意為止。

7. 妥善保存步驟 2 到 6 的紀錄。

| WBS Code： | 2.4.2 |
|---|---|
| **WBS Description：** | **提交目錄以供核准** |

## 工作/檢查/確認需求：

1.　提交已選用設備的目錄給客戶。

2.　參加客戶要求的會議。

3.　回覆客戶的查詢。

4.　檢視客戶的意見。

5.　如果需要，重提設計目錄給客戶。

6.　檢視並追蹤直到客戶核准 / 同意爲止。

7.　妥善保存步驟 2 到 6 的紀錄。

| WBS Code： | 2.4.3 |
|---|---|
| WBS Description： | 提交現場圖面以供核准 |

## 工作/檢查/確認需求：

1. 提交已選用設備的目錄給客戶。

2. 參加客戶要求的會議。

3. 回覆客戶的查詢。

4. 檢視客戶的意見。

5. 如果需要，重提設計目錄給客戶。

6. 檢視並追蹤直到客戶核准 / 同意為止。

7. 妥善保存步驟 2 到 6 的紀錄。

8. 依核准的設計規劃完成。

| WBS Code： | 3.1 |
|---|---|
| WBS Description： | 設備採購管理作業 |

## 工作/檢查/確認需求：

1. 請購量之確定。

2. 採購單上註明之物料需求日期，依請購數量、合約訂單完工日期。

3. 請購之調整與取消作業由設計組視客戶訂單資料之變更或設計上之材料變更、替用引起之影響，通知採購進行調整或取消已發出之採購單，以避免造成停工待料或呆料產生之情形發生。

4. 分包廠商名冊之維持與管理。

5. 料源開發及新分包廠商之選定。

6. 付款條件。

7. 採購單案審查作業。

8. 採購作業。

9. 交貨進度管制。

10. 進貨管理。

| WBS Code： | 3.2 |
|---|---|
| **WBS Description：** | **運送時程表** |

**工作/檢查/確認需求：**

　　依據專案之 BOM 條款，準備設備時程表，此時程表一般包括下列訊息：

1.　設備提報狀況 (日期 / 核准狀況)。

2.　設備採購狀況。

3.　設備運送狀況 (運抵倉庫日期，運抵現場日期)。

| WBS Code： | 3.3 |
|---|---|
| **WBS Description**： | **準備按裝詳細項目** |

## 工作/檢查/確認需求：

1. 準備設備資料作現場安裝參考。

2. 運送按裝材料到現場。

| WBS Code： | 3.4 |
|---|---|
| **WBS Description：** | **現場協調** |

## 工作/檢查/確認需求：

1. 現場協調者的指定。

2. 參加現場會議。

3. 協調進度。

| WBS Code： | 3.5 |
|---|---|
| **WBS Description**： | **測試 & 試車** |

## 工作/檢查/確認需求：

1. 依測試時程表的程序來執行測試及試車工作。

2. 整理測試及試車設備。

3. 在測試&試車報告中須包括所有設備的修正動作。

| **WBS Code：** | 3.6 |
| --- | --- |
| **WBS Description：** | **現場圖面** |

## 工作/檢查/確認需求：

　　根據實際的現場情況，準備下列資料：

1.　系統架構圖。

2.　昇位圖面。

3.　樓層圖。

4.　安裝說明。

5.　核准設備的目錄。

6.　其他指定的文件。

7.　如果需要，提交送審核可。

| WBS Code： | 3.7 |
|---|---|
| **WBS Description：** | **客戶訓練** |

**工作/檢查/確認需求：**

1. 審視合約需求。

2. 準備訓練材料及參加名冊。

3. 執行訓練課程。

4. 保存訓練紀錄。

| WBS Code： | 3.8.1 |
|---|---|
| WBS Description： | 系統移交 |

## 工作/檢查/確認需求：

1. 系統移交給客戶。

2. 追蹤客戶 / 顧問 / 建築師提出之完工證明書及可能的缺點改
   善表。

3. 保固期開始。

4. 如果需要，改善缺失。

5. 完成缺點審查並保留缺點改善紀錄。

6. 完成合約要求的維護工作，並保存紀錄。

7. 追蹤缺點改善保證書。

8. 合約完成。

| WBS Code： | 3.8.2 |
|---|---|
| WBS Description： | **移交給維護部門** |

## 工作/檢查/確認需求：

1. 依本專案的檔案資料，準備移交文件給維護部門。

2. 準備已由業主簽認過的缺點完成資料。

3. 在移交會議上討論有疑問的文件資料。

# 工　程　日　報　表

| 工程名稱 | ***會館新建工程--中央監控系統&CCTV | 填表日期：　　年　　月　　日 | | |
|---|---|---|---|---|
| 合約編號 | CFOC000370 | 合約開工日期：86 年 01 月 04 日 | | |
| 合約廠商 | AB 實業股份有限公司 | 預定完工日期：86 年 08 月 31 日 | | |
| 業　　主 | ** 開發股份有限公司 | 合約施工期限　　天｜完成百分比　% | | |

| 工　作　內　容 | | 出　工　情　形 | | |
|---|---|---|---|---|
| 工作項目 | 完成百分比 | 工別 | 人數 | 備註 |
| | | 配管工程 | | |
| | | 配線工程 | | |
| | | 設備按裝 | | |
| | | 設計工程師 | | |
| | | 監工工程師 | | |
| | | 測試工程師 | | |
| | | | | |

| 工作記要： | 異常記事/其他廠商協調事項： |
|---|---|
| | |
| 上級交辦/需公司協調事項： | 業主要求或指示： |
| | |
| 定負責人： | 填表人： |
| 業主： | ** 工程： |

## 工 程 連 絡 單

【30801-2】

| 工程名稱 | | 收文者 | | TEL | |
|---|---|---|---|---|---|
| | | | | FAX | |
| | | | | | |

| 連絡人 | | TEL | | 日期 | 年 月 日 |
|---|---|---|---|---|---|
| 核示 | | FAX | | | |

後續處理：

經辦：　　　　　日期：

# ▶ 7.4　系統昇位圖設計要領

　　系統昇位圖是讓人最快認識一個系統的圖說。昇位圖中包含了各個被監控設備的所在樓層或位置、所使用的器材種類及數量、採用的線材配置方法及整體系統架構。總歸一句，系統昇位圖就是系統的文章大綱。在繪製昇位圖前，I/O 表、器材表、結線表及設備位置應該都是了然於胸的。接著，只要依據各設備位置等前述要點將各項資訊表現出來，就能讓人快速且清楚的看出整體系統架構及配置。

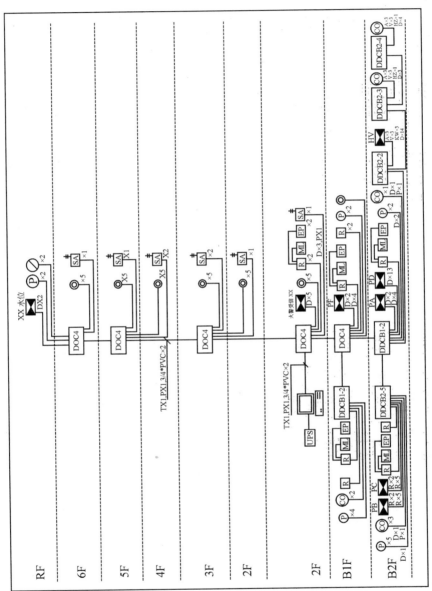

系統昇位圖

## ▶ 7.5　配管配線圖設計要領

　　管線的配置與系統架構息息相關。當決定好採取集中或分散式控制後，便應與水電技師密切配合，針對重電會經過的管道逐一避開繞道，採取獨立管路配置及獨立電源供應，除可避免一般的電源干擾外，更能讓系統查修方便並且延年益壽。

## ▶ 7.6　盤面組裝及配線設計要領

　　與使用單位密切相關的，除了天天看得到的中央監控畫面之外，遇有故障查修時最先接觸的便是中央監控盤體了。中央監控盤體在配置時，最先注意的就是電源的使用及保護，通常在同一個盤體裡獨立的控制器會配置獨立的保險開關來防止過電流或短路的情形。而為了結線上的美觀，則是會利用雙層端子台搭配四周環繞的線槽將盤體內的線路收整乾淨，再來，針對查修上的方便及施工時的準確，線路雙頭的正確線號及用途標示更是不能缺少。最後，為了廠務或機電人員的維修方便及快速查看施工，盤體配置圖留置於盤體門板上則是必要工作。

　　一套完整的 BMS 系統的建立需要建築師、水電技師、空調技師、業主及規劃人員多方面的配合協調才能完整，而施工期間各環節的緊密聯繫及各項設備的清楚標示則是成功的基礎，將基礎做好，BMS 才能發揮它預期的作用，提供使用者一棟有智慧的建築物。

# Chapter 8

# 進階設計

Building Intergration
Management

# ▶ 8.1 ODBC 資料庫內容與應用

## ▪ 8.1.1 何謂 ODBC

早期寫程式大多採用 DBASE 或 COBOL 語言(工程上都用 PASCAL 和 FORTRAN),但這些系統在不同的機器上用著不同的作業系統(Operating System),不同的編譯器(Complier),就算他們處理的是相同的資料,也無法互相交換應用。這個情況,直到開放式系統的觀念開始產生,也讓往後的程式開始變化。程式開發者很容易的可以將開發的程式移植到不同的平台上使用。

對於 MIS ( Management Information System,管理資訊系統 ) 開發者而言,不僅逐漸走向開放式資訊系統,同時也開始依賴資料庫管理系統(Database Management System)。而當面對資料庫系統時也同樣有著在開放式系統來臨前的束縛感,因為它必須在一開始就選對一個非常適合的資料庫系統,否則應用程式寫完,想要更換資料庫系統就很困難了。可是所謂現在最適用的,卻未必是未來最好的。因此資料庫系統的開放架構,同樣面臨極大的考驗。

開放式資料庫連接 (Open Database Connectivity ,ODBC),是 Microsoft 為存取資料庫所制定的標準通訊規約,例如 Microsoft SQL Server、Microsoft FoxPro 或是 Microsoft Access。現在可以透過開放式資料庫連接的驅動程式(ODBC Driver),以便於讓應用程式(API)如 Visual Basic、Active Server Page、Microsoft Access 能夠連接到 BMS 資料庫伺服器,甚至同時連結多個資料來源,並且存取資料庫上的資料。應用系統程式透過標準資料以 ODBC 界面與來源連接,因此開發過程中不需指定特定的資料庫系統,所以資料庫系統的開放性從此被建立。

以下有幾個重要的名詞需要先了解：

1. 應用程式(Application)

　　應用程式對外提供使用者交談界面，同時對外提供使用者交談界面，同時對內執行資料之準備工作和呼叫 ODBC 程式函數，傳送 SQL 指令以及接收資料庫系統所傳回來的結果顯示給使用者看。

2. 驅動管理員(Driver Manager )

　　驅動管理員本身在 MS Windows 中為一個動態連接程式庫檔(ODBC.DLL)。應用程式透過驅動管理員去載入並連結資料來源的驅動程式(driver)並連接資料來源。

3. 驅動程式(Driver)

　　驅動程式也是一個動態連接程式庫檔，當應用程式呼叫 ODBC 函式，SQLConnect 或 SQLDriverConnect 時，驅動管理員就會載入相對的驅動程式與應用程式呼應。驅動程式主要是執行 ODBC 之相對函式，並與對應之資料來源(Data Source)做溝通。

4. ODBC 資料來源 (Data Source)

　　它是一個參考到資料庫或資料庫伺服器的項目(當成資料來源使用)。基本上 ODBC 資料來源是藉著資料來源名稱(Data Source Name，DSN) 來參考的。

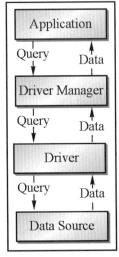

圖 8-1　ODBC 資料來源

## ▪ 8.1.2　ODBC 與 ACCESS 資料庫的連結

　　ODBC 可以連結各種資料庫，由於連結的方法大同小異，在本節就以 Microsoft Access 的資料庫為例，建立一個 ODBC 系統資料來源 (System Data Resource)。Access 是目前市面上相當普遍且最便宜的資料庫系統，簡易化與直覺化的操作特性可讓使用者輕易上手。BMS 提供了 ODBC Driver 以讓 Microsoft Access 連結其資料庫。首先應依照下列步驟設定資料連結。

　　1.　控制台→系統管理工具→資料來源(ODBC)→新增。

圖 8-2　資料庫的連結步驟 1

2.　選擇 Microsoft Access Driver (*.mdb) 。

圖 8-3　資料庫的連結步驟 2

3. 資料來源名稱輸入「IbsServerDB」，資料庫選取安裝目錄內
   IbsServerDB.mdb。

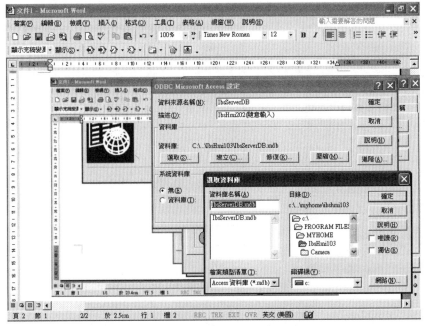

圖 8-4　資料庫的連結步驟 3

4. 設定完成後，多出一個 IbsServerDB 的資料來源。

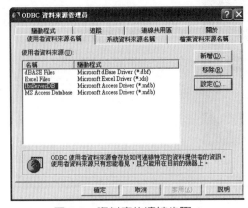

圖 8-5　資料庫的連結步驟 4

# ▶ 8.2　管理報表程式設計要領

## ▪ 8.2.1　客製化報表目的

　　為因應不同的使用需求，及不同的客戶類型，BMS 內建的管理報表或許無法滿足所有的系統管理者。客製化(Custom)的報表可提供系統管理者自訂的查詢系統。例如：

1.　設備的歷史記錄檢索。

2.　門禁事件查詢。

3.　人員資料編輯。

4.　運轉次數、時數報表。

5.　環境監視報表(如溫度、濕度、壓力……等)。

6.　電力監視報表(電壓、電流、KW、KWH、PF……等)。

圖 8-6　客製化報表首頁

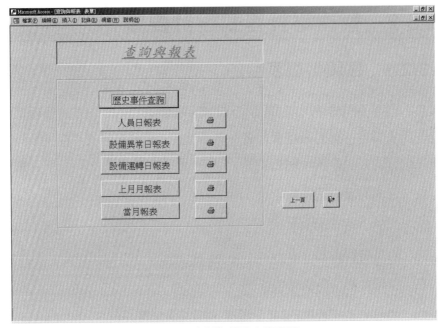

圖 8-7　客製化報表查詢表單

## ▪ 8.2.2　ACCESS 資料庫系統基本觀念

　　什麼是資料庫系統呢？簡單來說，資料庫系統是電腦化的資料保存系統，是指一群有組織、有系統的資料集合。資料庫本身可以被視為一種電子檔案櫃，存放著電腦化的資料檔案。換句話說，資料庫系統主要目的是保存資料，並且在需要時可以提供使用者適當的資料查詢協助。相較於傳統使用紙張保存資料的方法，將資料存放於資料庫內，具有下列優勢：

1. 將資料儲存於電腦中，不需放置於資料檔案櫃，因此，儲存資料所需空間減少。

2. 由於機器的處理速度較人工處理的速度快,因此,使用資料庫可以加速資料的處理動作。

3. 將重複性的動作交由電腦來處理,這樣使用者可以減少處理一些單調而無聊的工作。

4. 當使用者變動資料的內容時,結果會立即產生,因此在報表內可以隨時保持最新的資料。

5. 資料便於集中管理:

   (1) 減少重複的資料。

   (2) 避免資料不一致。

   (3) 資料可共享、整合。

   (4) 建立標準。

   (5) 應用安全設定。

   (6) 維護資料的正確。

資料庫的種類很多,但目前最常見的是關連式(Relational)資料庫系統。Access 即是屬於關連式的資料庫結構,將一個大型的資料表分成多個小資料表,各個小資料表之間再透過關連欄位建立連結,如此不但會加快資料的處理速度,也會使得該資料庫更容易維護。而資料表關連關係有三種:

1. 一對一:資料表中的記錄僅和另一個資料表中的一筆記錄有關。例如客戶和發票資料表,每一個客戶只有一個對應的發票資料。

2. 一對多:資料表中的記錄和另一個資料表中的多筆記錄有關。例如客戶和訂單資料表,同一個客戶可以下很多筆訂單。此種關連為最常見者。

3. 多對多：客戶和產品資料表而言，每位客戶可以訂購多樣產品，
   而同一樣產品也可能被多位客戶購買。Access 並沒有直接提供此
   種關連。

   資料庫的組成如下：

   欄位(Field)→記錄(Record)→資料表(Table)→資料庫
   (DataBase)

| 姓　名 | 性別 | 職稱 | 部門 | 電　話 |
|---|---|---|---|---|
| 黃桂賓 | M | 主認 | 工程部 | 12345678 |
| 程文勇 | M | 工程師 | 工程部 | 22345678 |
| 李惠芷 | F | 會計 | 管理部 | 12235466 |
| 謝瑞文 | M | 工程師 | 研發部 | 85122808 |

圖 8-8　資料庫的組成

## ▪ 8.2.3　常用物件說明

Access 資料庫主要由七種物件及群組功能組成。分為資料表
(Table)、查詢(Query)、表單(Form)、報表(Report)、資料頁(Data Access
Pages)、巨集(Macro)、模組(Module)、群組(Group)。僅就常用的部分做
說明。

1. 資料表(Table)

資料表是由各種欄位(Field)及記錄(Record)組合而成，簡單的說，就是一個能有組織的儲存資料的地方。簡單舉例如下：

將要儲存的資料，依照其特性做分類，設定出各個**欄位**(Field)。例如上表所舉例，分爲「姓名」、「性別」、「職稱」、「部門」、「電話」等欄位。

而將所有欄位組合起來的資料，成爲一筆完整的**記錄**(Record)。再集合所有的記錄，便成爲一個**資料表**(Table)了。

BMS 提供的範例檔，會將資料表建立好，使用者不必再費心思去定義資料表及做對應動作。

下圖 8-9 爲一個 BMS 提供的資料表：

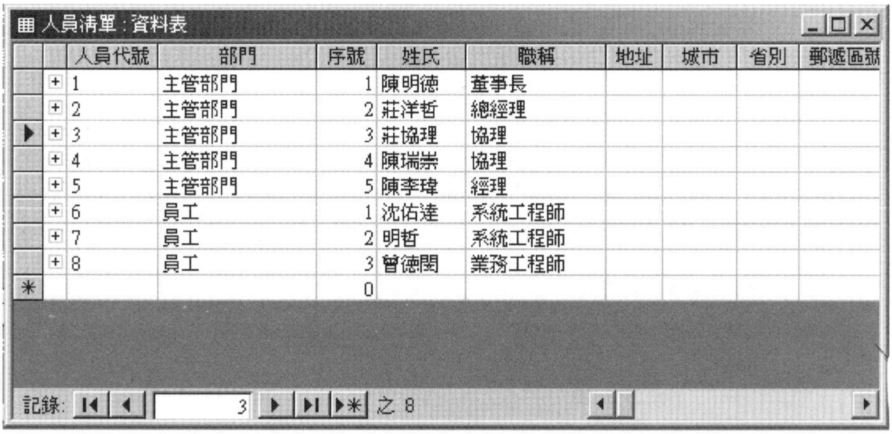
人員清單：資料表

| 人員代號 | 部門 | 序號 | 姓氏 | 職稱 | 地址 | 城市 | 省別 | 郵遞區號 |
|---|---|---|---|---|---|---|---|---|
| 1 | 主管部門 | 1 | 陳明德 | 董事長 | | | | |
| 2 | 主管部門 | 2 | 莊洋哲 | 總經理 | | | | |
| 3 | 主管部門 | 3 | 莊協理 | 協理 | | | | |
| 4 | 主管部門 | 4 | 陳瑞崇 | 協理 | | | | |
| 5 | 主管部門 | 5 | 陳李瑋 | 經理 | | | | |
| 6 | 員工 | 1 | 沈佑達 | 系統工程師 | | | | |
| 7 | 員工 | 2 | 明哲 | 系統工程師 | | | | |
| 8 | 員工 | 3 | 曾德閔 | 業務工程師 | | | | |
| | | 0 | | | | | | |

記錄：3 之 8

圖 8-9　BMS 提供的資料表例

2. 查詢(Query)

資料庫除了儲存資料外，還可因應使用者的需求，找出有用的資訊，這就是查詢(Query)的功用。Access 可將常用的查詢條件儲存起來，當下次查詢條件相同時，只要開啓之前儲存的查詢，就可得到最新的結果。

| 庫存資料表 | | | | |
|---|---|---|---|---|
| 名稱 | 進貨月份 | 產品編號 | 數量 | 是否付款 |
| 瓦斯偵測器 | 6 | A001 | 200 | 是 |
| 室內型溫度計 | 7 | A002 | 30 | 否 |
| 紅外線感應器 | 8 | A003 | 100 | 否 |
| 火警偵測器 | 9 | A004 | 80 | 是 |

↓ 查詢未付款的品項

| 查詢結果 | | | | |
|---|---|---|---|---|
| 名稱 | 進貨月份 | 產品編號 | 數量 | 是否付款 |
| 室內型溫度計 | 7 | A002 | 30 | 否 |
| 紅外線感應器 | 8 | A003 | 100 | 否 |

3. 表單(Form)

表單可提供一個標準化的輸入或檢視介面，讓使用者可在最直覺下的環境操作或查閱資料。

圖 8-10　輸入表單

4.　報表(Report)

　　經過查詢過後的資料結果，除可經由螢幕輸出外，也可經過排版後輸出至印表機。

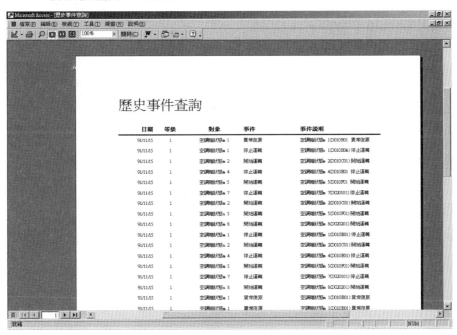

圖 8-11　報表

# ■ 8.2.4　實例說明

　　在本節我們實際設計一個歷史事件查詢的範例，將查詢、表單、報表等功能做一個綜合運用，並加入一些進階變化。

1.　首先我們在左邊物件中選擇查詢，然後按下新增。

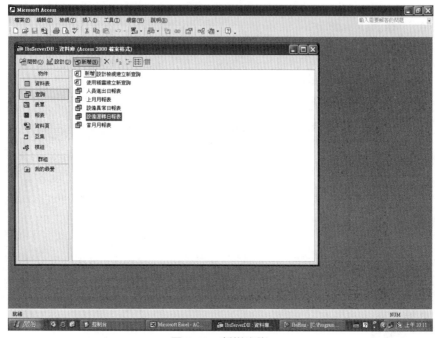

圖 8-12　新增查詢

2.　選擇簡單查詢精靈。

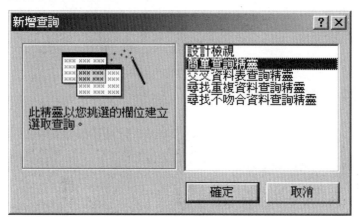

圖 8-13　查詢表單製作精靈

3. 選擇想要做查詢的資料表，這裡我們選擇「資料表：歷史事件」。

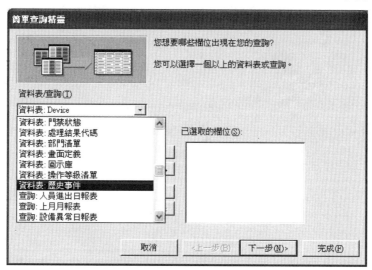

圖 8-14　選擇查詢的資料項目

4. 選擇想要做查詢的欄位。

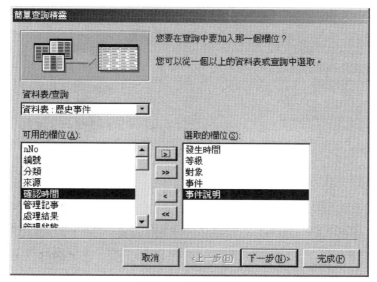

圖 8-15　選擇欄位

5.  替這個查詢命名。

圖 8-16　查詢之標題命名

6.  查詢物件中，多出一個我們剛剛完成的「歷史事件查詢」。

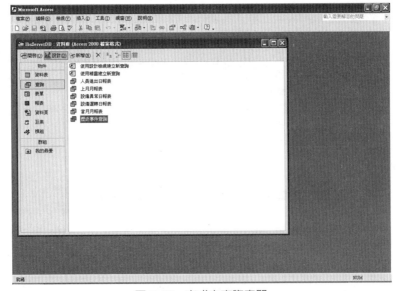

圖 8-17　完成之查詢表單

7.　完成查詢後，我們可以設計表單，讓這個查詢有人性化介面。
　　選擇表單物件，按下新增。

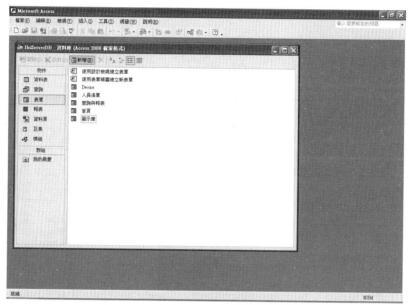

圖 8-18　建立查詢操作介面

8.　選擇設計檢視可以較自由的設計版面。

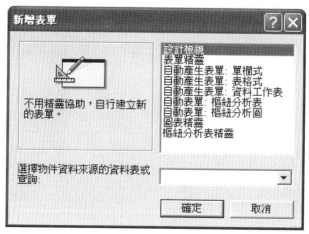

圖 8-19　選擇版面

9. 在工具箱中選擇文字方塊，並在畫面中拖曳想呈現的部位。
   文字方塊可以讓使用者輸入想要搜尋的條件，是表單中最常用的
   工具。

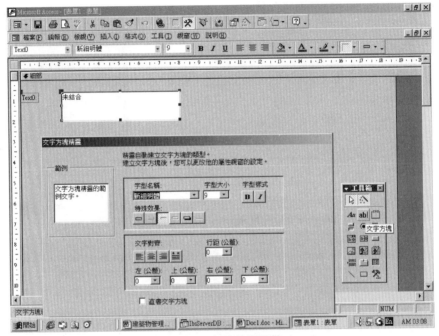

圖 8-20　加入控制元件

10. 按「下一步」，直到替文字方塊命名。輸入「開始日期」。

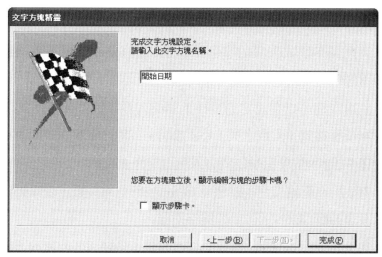

圖 8-21　元件命名

11. 依此類推做出「結束日期」及「事件等級」、「對象」的文字方塊。

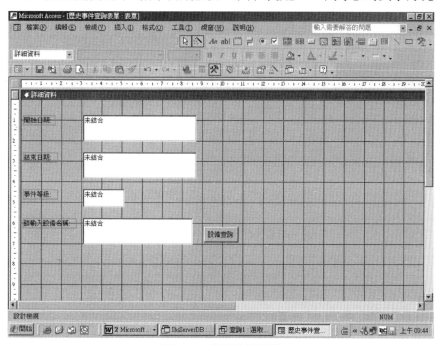

圖 8-22　操作介面設計

12. 回到歷史事件查詢中，按下「設計」鈕。在「發生時間」下方的準則欄，填入搜尋的準則：Between [forms]![歷史事件查詢表單]![開始日期] And [forms]![歷史事件查詢表單]![結束日期]。

13. 使用準則可以在設定的條件下調閱資料，準則所使用的函數為 Access 格式，大致上與 Excel 相同。我們在等級的準則也設下條件：[forms]![歷史事件查詢表單]![事件等級]。

14. 對象的準則輸入：Like "*" & [forms]![歷史事件查詢表單]![請輸入設備名稱] & "*"，使用關鍵字搜尋。

15. 製作一個查詢按鈕。在工具箱選擇**指令按鈕**，並在畫面中拖曳想要的位置。

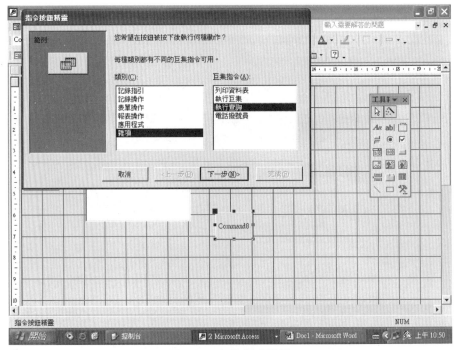

圖 8-23　加入指令按鈕

16. 選擇要執行的查詢。

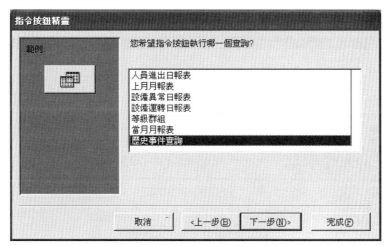

圖 8-24 指定按鈕操作事項

17. 執行之後得到查詢結果。

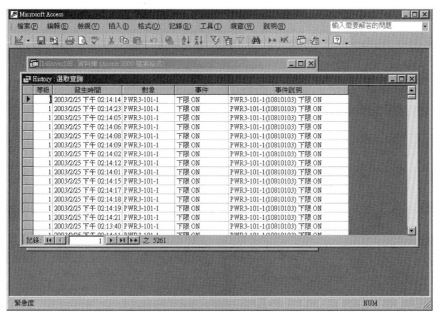

圖 8-25 完成後的結果

18. 這樣的執行結果或許版面不夠好看，我們會想將資料作排版輸出，這時候就需要用到報表功能。首先新增一個報表。

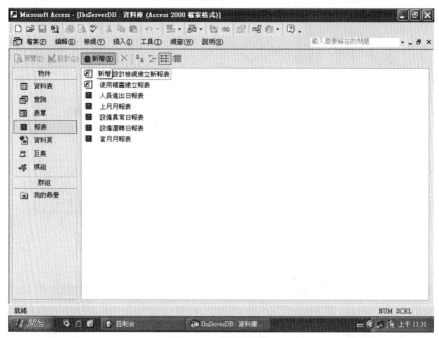

圖 8-26　版面修飾

19. 使用報表精靈可以快速產生格式化的報表。

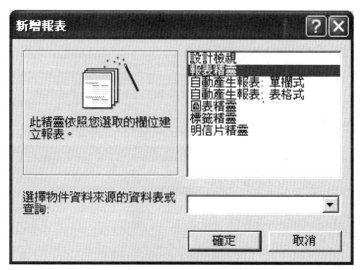

圖 8-27　快速產生格式化報表

20. 選擇要做報表的查詢及欄位，並按下一步直到完成。

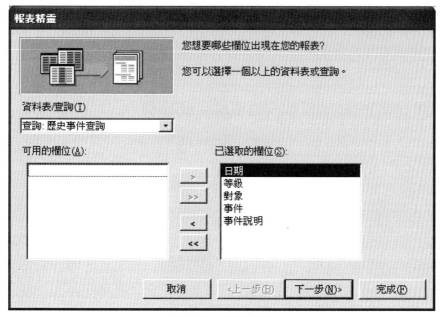

圖 8-28　欄位選擇

21. 我們可以在表單上設置一個指令按鈕,直接執行預覽報表動作。

圖 8-29　設置一個指令按鈕

22. 執行後就可以預覽報表,並輸出至印表機。

圖 8-30　預覽報表

## ■ 8.2.5　結論

　　Microsoft Access 除了上述介紹的各項功能外，尚有許多進階設計方式。例如結合 VBA 語法及許多函數變化，可讓您的資料庫系統更加好用，也可更符合使用者的需求。坊間已有很多書籍可供參考，或進修 Access 專門課程，本書不再贅述。

# Chapter 9

# 結　語

Building Intergration
Management

　　有關於智慧型大樓的中央監控系統，它的組合因業主以及企業特性而有所不同的應用方式，這些應用包括建築物自動化、門禁安全、能源管理、影像與管理整合。本書由理論基礎漸進至實務應用，往後從業人員實際運作專案時，即可用以印證整合管理所產生的效果。企盼藉本書的編製，啓發各專業人才的協同整合觀念，引領同仁走向中央監控的世界舞台。

國家圖書館出版品預行編目資料

中央監控：建築物管理系統 / 陳明德編著. --
初版. -- 臺北市 : 全華，民 92
　　面 ；　 公分

　 ISBN　957-21-4312-3(平裝)


　 1. 建築物 — 設備


441.6　　　　　　　　　　　　　92021492

# 中央監控－建築物管理系統

| | |
|---|---|
| 作　　　者 | 陳明德 |
| 執 行 編 輯 | 張麗麗 |
| 封 面 設 計 | 張瑞玲 |
| 發 行 人 | 陳本源 |
| 出 版 者 | 全華科技圖書股份有限公司 |
| 地　　　址 | 104 台北市龍江路 76 巷 20 號 2 樓 |
| 電　　　話 | ( 02 ) 2507-1300　 (總機) |
| 傳　　　眞 | ( 02 ) 2506-2993 |
| 郵 政 帳 號 | 0100836-1 號 |
| 印 刷 者 | 宏懋打字印刷股份有限公司 |
| 登 記 證 | 局版北市業第○七○一號 |
| 圖 書 編 號 | 05471 |
| 初版二刷 | 2005 年 3 月 |
| 定　　　價 | 新台幣 300 元 |
| I S B N | 957-21-4312-3 |

全華科技圖書
www.chwa.com.tw
book@ms1.chwa.com.tw

全華科技網 OpenTech
www.opentech.com.tw

# 書友服務卡

為加強對您的服務，只要您填妥本卡寄回全華圖書
即可成為全華圖書之書友！（詳情見背面說明）

填寫日期：　　/　　/

姓　名／ _____　生　日／ _____年（西元）___月___日　性　別／ □男　□女

地　址／ □□□ _____縣/市 _____鄉鎮市區 _____街/路 _____段 _____號 _____樓之___

電話／(H)_____　(O)_____　(FAX)_____　(行動)_____

E-mail／_____

教育程度／ □1.高中・職　□2.專科　□3.大學　□4.研究所（含以上）

職　業／ □1.工程師　□2.教師　□3.學生　□4.軍　□5.公
　　　　　□6.其他

服務單位（學校、公司）_____　科系・部門 _____

購買圖書／書號 _____　書名 _____

您的閱讀嗜好 □A.電子　□B.電機　□C.計算機工程　□D.資訊　□E.機械
　　　　　　　□F.汽車　□I.工管　□K.化工　□L.設計　□M.商管
　　　　　　　□O.其他 _____

您購買本書的原因／ □1.個人需要　□2.幫公司採購　□3.老師推薦
　　　　　　　　　□4.書友特惠活動　□5.書展　□6.其他

您從何處購買本書／ □1.網站　□2.書局　□3.書友特惠活動　□4.團購
　　　　　　　　　□5.書展　□6.其他 _____

您對本書的評價／1.非常滿意 2.滿意 3.普通 4.不滿意 5.非常不滿意（請填代號）
　　□內容　　□版面編排　　□封面設計　　□圖片　　□文筆流暢　　□印刷品質

您希望全華加強那些服務／ □1.電子報　□2.定期目錄　□3.促銷活動
　　　　　　　　　　　　□4.專業書展通知　□5.其他

◎請詳填、並書寫端正、謝謝！

93.07 450,000份

---

親愛的書友：

　　感謝您對全華圖書的支持與愛用，雖然我們很慎重的處理每一本書，但尚有疏漏之處，若您發現本書有任何錯誤的地方，請填寫於勘誤表內並寄回，我們將於再版時修正。您的批評與指教是我們進步的原動力，謝謝您！

全華科技圖書　敬上

## 勘誤表

| 書　號 | 頁　數 | 行　數 | 書　名 錯誤或不當之詞句 | 作　者 建議修改之詞句 |
|---|---|---|---|---|
|  |  |  |  |  |
|  |  |  |  |  |
|  |  |  |  |  |
|  |  |  |  |  |

我有話要說：（其它之批評與建議，如封面、編排、內容、印刷品質等・・・・・）

（請由此線剪下）

# 歡迎加入 全華書友 行列

## 參加「全華書友」的辦法

● a. 填妥二張書友服務卡並寄回本公司即可加入。

b. 親自在本公司，購書二本以上者，可直撥向門市人員提出申請。

## 成為「全華書友」的好處

● a. 於有效期間內，享有中文8折，原文書9折特價優惠（限全華&全友門市，郵購及信用卡傳真購書使用）

b. 不定期享有專案促銷活動訊息。

全華書友證

**OpenTech**
全華科技網路.com.tw

全華科技網 www.opentech.com.tw
E-mail:service@ms1.chwa.com.tw

※本會員制，以最新修訂制度為準，造成不便，敬請見諒。

---

行 企 部 收
銷 劃

全華科技圖書股份有限公司

104
台北市中山區龍江路76巷20號2樓